职业教育"十三五"改革创新规划教材

U0197731

中职生
安全教育

胡德刚 周惠娟 谭世杰 主 编
奇大力 刘长在 董晓艳 王永强 副主编

清华大学出版社
北 京

内 容 简 介

本书是职业教育"十三五"改革创新规划教材,根据教育部职业教育与成人教育司颁布的《关于在部分中等职业学校开展职业健康与安全教育试点工作的通知》的精神,依据《国家突发公共安全事件应急预案》《中小学公共安全教育指导纲要》等文件编写而成。

本书主要内容包括安全教育概述、校园安全、家庭安全、社会安全、交通安全、自然灾害、饮食与卫生安全、网络与信息安全、实习与职业安全、运动损伤的预防与应对措施、中职生常见心理问题。

本书可作为中等职业学校安全教育的教材,也可作为岗位培训用书。

图书在版编目(CIP)数据

中职生安全教育/胡德刚,周惠娟,谭世杰主编. —北京:清华大学出版社,2016(2024.1 重印)
职业教育"十三五"改革创新规划教材
ISBN 978-7-302-44084-0

Ⅰ. ①中… Ⅱ. ①胡… ②周… ③谭… Ⅲ. ①安全教育—中等专业学校—教材 Ⅳ. ①X925

中国版本图书馆 CIP 数据核字(2016)第 132441 号

责任编辑:刘翰鹏
封面设计:张京京
责任校对:袁 芳
责任印制:杨 艳

出版发行:清华大学出版社
　　　　网　　　　址:https://www.tup.com.cn,https://www.wqxuetang.com
　　　　地　　　　址:北京清华大学学研大厦 A 座　　　　　　邮　　编:100084
　　　　社 总 机:010-83470000　　　　　　　　　　　　　　邮　　购:010-62786544
　　　　投稿与读者服务:010-62776969,c-service@tup.tsinghua.edu.cn
　　　　质量反馈:010-62772015,zhiliang@tup.tsinghua.edu.cn
　　　　课件下载:https://www.tup.com.cn,010-83470410
印 装 者:三河市科茂嘉荣印务有限公司
经　　销:全国新华书店
开　　本:185mm×260mm　　　印　张:14.5　　　字　数:331 千字
版　　次:2016 年 10 月第 1 版　　　　　　　　　印　次:2024 年 1 月第18 次印刷
定　　价:38.00 元

产品编号:068759-01

《中职生安全教育》编委会

前言

本书是职业教育"十三五"改革创新规划教材,根据教育部职业教育与成人教育司颁布的《关于在部分中等职业学校开展职业健康与安全教育试点工作的通知》的精神,依据《国家突发公共安全事件应急预案》《中小学公共安全教育指导纲要》等文件编写而成。通过本书的学习,可以使学生掌握安全防范、安全生产、安全事故处理的知识与技能。

本书在编写时努力贯彻教学改革的有关精神,严格依据相关文件的精神与要求,努力体现以下特色。

1. 立足职业教育,突出实用性和指导性

(1) 本书定位科学、合理、准确,力求降低理论知识点的难度;正确处理好知识、能力和素质三者之间的关系,保证学生全面发展,适应培养高素质劳动者的需要;以就业为导向,既突出学生应对安全事故能力的培养,又保证学生掌握必备的基本理论知识。

(2) 本书内容立足体现为高素质劳动者培养目标服务,注重"通用性教学内容"与"特殊性教学内容"的协调配置,体现出对不同地区、不同专业既有"统一性"要求,又有选择上的"灵活性"或"差异性",尽量满足不同层次、不同地区、不同职业的需要。

(3) 教材内容通俗易懂,栏目划分合理,依据的法律、规章较新,突出实践性和指导性,所选案例均来自近些年发生的事件,拉近现场与课堂教学的距离,丰富学生的感性认识。将教育部门的有关规章制度贯彻到相关内容中,如单元 10 的编写即贯彻了教育部2015 年颁布的《学校体育运动风险防控暂行办法》。

2. 以学生为中心,创新编写体例

(1) 针对部分教学内容,在教材中设置具有直观性和带有感情色彩的"引导文""案例警示""案例回放""小贴士"、图片等。让缺少活泼性的学习内容表现出通俗性、生动性、实用性和指导性等,以此激发学生对该课程的学习热情和兴趣,缩短理论与实际应用之间的差距,构建理论与应用之间的纽带,培养创新能力和自学能力。

(2) 每节结束,设置"本节思考题",突出针对性和实用性,立足加强学生对知识点的理解和掌握。改变单一的"考学生"的教学观念,树立引导、服务和帮助学生掌握知识的新理念。

（3）部分内容可以通过参观活动、现场教学、演示分析、专题探讨、调研等方式开展教学，引导学生积极主动地交流与探讨，造就创新与探讨的开放式教学环境，提高学生的探索兴趣，加深学生对相关知识的理解和应用。

3. 重视学生个性发展需要，渗透探索精神、创新意识、爱国教育等

（1）体现以人为本，面向学生个性发展需要，在部分单元中设置"探讨话题""分析与交流"等栏目，创造相互交流、相互探讨的学习氛围，激发学生的学习兴趣，培养学生的分析能力和自学能力。

（2）介绍成熟的新知识、新技能，并面向实际应用，使学生在面临各种突发事件时都能综合分析、积极应对。

（3）党的二十大报告指出："青年强，则国家强。当代中国青年生逢其时，施展才干的舞台无比广阔，实现梦想的前景无比光明。"在课程学习和实践教学活动中注重渗透爱国主义教育、职业道德教育、环境保护教育、安全生产教育及创业教育，激发学生的爱国热情和敬业精神。

本书建议学时为72学时，具体学时分配见下表。

单 元	建议学时	单 元	建议学时	单 元	建议学时
单元 1	1	单元 5	8	单元 9	7
单元 2	5	单元 6	10	单元 10	8
单元 3	5	单元 7	7	单元 11	8
单元 4	6	单元 8	7		

本书由胡德刚、周惠娟、谭世杰担任主编，奇大力、刘长在、董晓艳、王永强担任副主编，参加编写工作的还有刘春艳、刘慧茹、蔡杰铮、刘洋、王建亮、范运萍、屈婉芳、许庆忠、丁玉强、贾震、胡学新、吴程。本书由北京师范大学体育与运动学院教授张吾龙、中国安全生产协会中小学安全教育工作委员会副主任何卫国担任顾问，中国安全生产协会中小学安全教育工作委员会首席讲师徐卿担任主审。

本书在编写过程中参考了大量的文献资料，在此向文献资料的作者致以诚挚的谢意。由于编写时间及编者水平有限，书中难免有错误和不妥之处，恳请广大读者批评、指正。了解更多教材信息，请关注微信订阅号：Coibook。

编 者

2024 年 1 月

CONTENTS

目 录

单元 1

安全教育概述

安全,究其根本,是指不受威胁,没有危险、危害、损失。随着现代科技的迅猛发展,人们生活水平的日益提高,安全问题也随之日趋凸显,无论是车水马龙的街道,还是秩序井然的学校,都不可避免地会发生意外伤害事故,虽然各行各业"安全第一"的口号已是屡见不鲜,但要将安全防范转化为人们的自觉行为和日常习惯,还需要通过系统的安全教育来实现。学校是实施青少年学生安全教育最主要的阵地,将安全知识通过学校教育普及开来已是社会共识,也只有如此,才能培养出更多德才兼备、身心健康的栋梁之材。

1.1 中职生安全教育的目的和意义

安全是构建和谐社会的基本要素。《中共中央关于制定国民经济和社会发展第十一个五年规划的建议》在论及"推进社会主义和谐社会建设"时,强调了要"保障人民群众生命财产安全"。提出:"坚持安全第一、预防为主、综合治理,落实安全生产责任制,强化企业安全生产责任,健全安全生产监管体制,严格安全执法,加强安全生产设施建设。切实抓好煤矿等高危行业的安全生产,有效遏制重特大事故。加强交通安全监管,减少交通事故。加强各种自然灾害预测预报,提高防灾减灾能力。强化对食品、药品、餐饮卫生等的监管,保障人民群众健康安全。"要求"关闭破坏资源、污染环境和不具备安全生产条件的企业"。把"安全发展"作为"实现可持续发展"的重要内容,把"安全生产状况进一步好转"作为"构建和谐社会取得新进步"的重要指标。

一、中职生安全教育的目的

1. 学生自身生存的需求

安全作为人最基本的需求,是满足其他需求的保障条件。中国古代就有"人命关天"之说,安全自古以来就是人们生活和生产的基础。中职学习阶段是向成年迈进的冲刺阶段,这个时期是人格发展与完善的关键时期,是社会化发展的关键时期,同时,也是安全事故的多发时期。处在这一时期的中职学生，其活动范围和空间不再局限于校园，与社会的接触更加密切、更为广泛。如果缺少安全知识、疏于防范，就可能导致安全事故的发生。

2. 建设和谐校园的要求

和谐校园是和谐社会的重要组成部分，把学校建设成为平安、卫生、文明的校园，切实保障学生全面发展和健康成长，是建设和谐校园的基本要求，学校是教书育人的场所，必须首先给学生提供一个安全健康的环境，为师生安全筑起一道坚固的防线。中职生是和谐校园的直接受益者，也是创建和谐校园的重要参与者，中职生接受安全教育对于减少校园暴力、传染病和食物中毒等事件的发生起到举足轻重的作用。

3. 适应复杂社会环境的要求

随着社会经济和科技的不断发展，学生的交往范围也日趋扩大，交友的方式呈现多元化、复杂化特点，除校园和家庭外，还有其他的交友途径，如网络交友、信息交友、娱乐场所交友等。由于中职生年龄多在 15～18 岁，心理和思想都尚未成熟，缺乏社会经验，安全防范意识差，自我防范能力较弱，很容易受到社会各种不良风气的影响，从而影响其身心健康发展。

4. 培养高素质劳动者的要求

职业教育是培养技能型人才和高素质劳动者的教育，而珍爱生命和遵守安全生产要求是技能型人才和高素质劳动者的重要素质之一。温家宝总理在 2005 年召开的全国职教工作会议上指出："国民经济各行各业不但需要一大批科学家、工程师和经营管理人才，而且需要数以千万计的高技能人才和数以亿计的高素质劳动者。"他还强调我国装备制造业面临的主要问题是"产业结构不合理，技术创新能力不强，产品以低端为主、附加值低，资源消耗大，而且生产安全事故也多，这些都与从业人员技术素质偏低、高技能人才匮乏有很大关系"。从业人员技术素质绝非只是掌握专业知识和娴熟的专业技能，还必须具有较强的安全意识，掌握所从事职业的安全知识，具有本岗位安全生产的能力，以及符合岗位要求的安全行为习惯。

二、中职生安全教育的意义

教育的根本目的是促进受教育者全面发展，提高他们的综合素质，适应社会迅速发展的要求。对于中等职业教育而言，学生的综合素质不仅包括专业素质、思想道德素质、身体素质、心理素质，而且还包括安全素质。安全素质既包括安全意识、安全知识和安全技能，也包括安全行为和健康的心理状态。安全素质已是现代人学习、生活和工作中不可或缺的部分。

学生时期是开展安全教育最适宜的时期，因为受教育者正处于身心发展的快速阶段，具有鲜明的生理和心理特征，对新鲜事物的接受能力强，容易受到外界因素影响而形成某种习性。中职生是我国技能型人才和高素质劳动者的生力军，对中职生进行安全教育，使其增强安全意识、掌握安全知识、养成符合职业需要的安全行为习惯，提高其自身对危险因素的预见能力、观察能力和处置能力，是我国职业教育现代化发展的必然要求，也是提高全社会公民素养的应有之意。

当前,我国仍处于生产安全事故易发多发的特殊时期,生产环境复杂,形势严峻,生产管理制度不健全,生产设施相对落后,重特大事故时有发生,发展势头尚未得到有效遏制,市场主体的安全生产意识仍比较淡漠,企业非法生产经营行为仍然屡禁不止,职业病、职业中毒等事件司空见惯,这些问题的长期存在,使得安全生产多年来一直是我国社会的热点和难点问题。中职学校主要面向生产和服务一线培养人才,无论从培养合格劳动者保护劳动者的角度,还是从适应我国安全生产形势和实际工作环境,推进我国安全生产进程的角度,都非常有必要在中职学校开展安全教育。因此,开展中职学生安全教育,符合学生全面发展、健康成长的内在需求。

职业教育作为我国教育事业的重要组成部分,是培养技能型人才和高素质劳动者的教育,也是工业化和生产社会化、现代化的重要支柱。随着职业教育的发展,中等职业学校的学生人数逐年增加,中职生作为技能型人才和高素质劳动者的后备军,是未来生产一线的主要从业人员,将直接从事基层生产劳作和管理,如果操作或管理上稍有差错,轻则造成个人和企业的经济损失,重则影响企业的生产安全,甚至影响国家财产和人民生命安全。因此,对中职生进行系统而全面的安全教育是提高中职生安全水平的有效途径,更是优化全民族安全水平的有力保障。中职生安全教育的意义不仅体现在促进学生自身的健康发展方面,也是构建和谐校园的前提,是推动社会健康有序发展的保障,已经成为国家防止事故、减少损失的重要举措。

1.2　中职生安全教育的内容和原则

改革开放以来,我国经济一直保持着高速增长,但职业健康安全状况却滞后于经济建设的步伐,职业健康与安全问题成为困扰我国经济发展的问题之一。中职学生作为未来生产行业的主力军,必须加强安全知识教育,让中职学生在职前就对安全生产的意义和价值、安全生产的历史发展和现实状况有相应的了解,形成正确的安全生产观念。同时,还应加强安全生产技能的教育,中职学生最终要进入具体的生产和服务工作岗位,只有具备了安全意识和专业安全技能,才能成为合格的职业人。在加强普识性安全教育的同时,要结合具体的专业和岗位开展专业性的安全教育,这也是不同领域安全生产的关键。因此,中职学生的安全生产教育应该与他们具体的专业相结合,以生命财产安全的保护为根本出发点,涵盖职业活动中安全与健康两个方面的要求。

一、中职生安全教育的主要内容

安全教育涉及的内容多种多样,从不同的角度有不同的分法。按照发生场所可以分为校园安全、家庭安全、社会安全、网络安全;按照发生机理可以分为疾病和损伤;按照诱发因素可以分为人为祸患和自然灾害。中职生安全教育的主要内容包括校园安全、家庭安全、社会安全、交通安全、自然灾害、饮食与卫生安全、网络与信息安全、实习与职业安全、运动损伤预防与应急处理、常见心理问题。

二、中职生安全教育的一般原则

安全教育作为一种实践性的教育,有其自身的特点,必须遵循一定的教育原则,运用合适的教育方法,才能取得良好的教育效果。

1. 理论知识要与生活实践相结合

中职学生正处在青春期的年龄阶段,是个人成长和发展的重要时期,在这个阶段勇于探索,乐于冒险,因此安全教育应当注意结合生活实际中经常遇到的情况,不断提升他们的安全素养,发展他们的生活能力。

2. 既注重科学性又要有人文关怀

中职生的安全教育既要遵从中职生价值观形成和发展的规律与行为养成规律,又要重视对学生的终极人文关怀,创设人性化情境,实施人性化教育。

3. 内容安排要与中职生专业密切相关

中职生的培养目标与普通高中学生不同,需要在毕业时有胜任某一工作的专业能力,因此有大量的实训内容,安全教育内容要有与实训相关的内容,方能有针对性。

4. 课内课外相结合,随时随处有安全教育的契机

课堂是安全教育的主要场所,课堂内的安全教育是有组织有计划系统地进行的,家庭、公共场所、实习单位也是安全教育的重要场所,课外教育是课内教育的补充,全方位的立体教育才能让中职生更加容易接受,效果更为持久。

5. 普适教育与个别教育相结合

既要抓好中职生整体统一的安全教育,又要注意因中职生个体差异而导致的特别的安全需求,帮助每一个在校中职生解决他所关心或面临的安全问题。

1.3　中职生安全教育的方法和途径

安全教育既是知识的传授、技能的提高,也是观念的更新、态度的转变,是集理论和实践为一体的综合教育。要在中职学校广泛而有效地开展安全教育,就必须通过多元化的方法和多渠道的途径加以实施和强化。

一、中职生安全教育的方法

安全教育的实施不应单一、枯燥,中职生安全教育的方法多种多样,应该在实践中应灵活运用,与学生学习、生活、实习等紧密联系,采用丰富多样的教学方法,调动学生的积极性和主动性。具体的方法有以下几种。

1. 讲解示范法

通过对安全防范知识的讲解和对应急处理方法的示范,使学生掌握安全常识,学会在危急时刻正确处理意外伤害。讲解示范法是目前广泛运用的最主要的中职生安全教育方法。

2. 案例分析法

通过案例讲述、图片展示、视频回放等方式,还原伤害事故,分析事故发生的原因、事故中处理方法的利弊,以及如何避免发生类似事件。在运用案例分析教学方法时,时常将讨论教学融入其中,通过学生与学生、学生与教师的共同讨论来掌握、巩固知识,能够使学生积极参与到对所学知识的思考、讨论之中。

3. 模拟教学法

通过设置各种情景,有针对性地开展安全教育,促使中职生形成处置各种安全危机的良好反应。模拟灾害或伤害事故的现场,引导学生根据实际情况动手操作,按照步骤处理事故,展开紧急救援等。组织中职生开展安全实践演练,参与学校安全管理和服务,以达到活用所接受的安全知识与技能的目的。

4. 主题教学法

教师提出安全教育主题,学生分成小组广泛收集资料进行研究,形成研究报告,并在班级或校内进行汇报交流。

5. 专家讲授法

邀请安全教育专家、消防人员、警察等进行安全知识讲座,通过权威、专业、针对性的讲授,提高学生安全意识。

6. 参观教学法

参观教学是指根据教学目的,组织和指导学生到自然界、生产现场和社会生活场所,对实际事物或现象进行实地观察、调查、研究和学习,从而获得、巩固、验证、扩充安全知识技能的教学方法。通过参观安全事故图片展、安全教育基地、安全生产企业等,让学生接受更加直观、更加权威的安全教育,提高安全防范意识和应急处理能力。

二、中职生安全教育的途径

实施安全教育的途径是多样化的,可以根据学校的实际情况,设置专门的课程或将安全教育渗透在课内外活动之中。中职学生安全教育的主要途径有以下几个方面。

1. 作为独立学科开设课程

开设安全教育课程是开展安全教育最直接、最有效的途径。课堂教学是安全教育最正统的形式,这样的知识传授或技能训练更有目的性和系统性。中等职业学校应按照国家课程标准和地方课程设置要求,逐步将安全教育纳入学校的教学计划,设置足够的课时,安排专门的安全教育教师开展系统的安全教育教学。

2. 将安全教育知识渗透于各学科之中

安全教育内容涉及学科比较广泛,物理、化学、生物、心理、体育等学科均涉及安全教育知识,各科任课教师应在学科教学中挖掘隐性的安全教育内容,并将其潜移默化地渗透于学科教学中,把显性教育和隐性教育结合起来,提高学生的安全意识和应急能力。

3. 聘请专业人员进校讲授

定期邀请国内外安全教育专家面向教师和学生开展专题讲座,邀请消防员、警察等专业人员进课堂,开展人身防护、防盗、防火等与学生学习和生活密切相关的安全演习,充分利用学校的有利条件,在每个环节上结合学生的年龄特点和专业特点,提高安全教育活动的针对性和实效性。

4. 开展安全教育主题活动

定期开展全校范围的安全教育主题活动,围绕主题开展各种形式的活动,抓住开学初、放假前等适合安全教育的时机,开展有针对性的安全教育,通过班会、升旗仪式、墙报、板报、参观、演讲、看电影、有奖竞答等灵活的教育形式,把安全教育渗透到学生的课余生活中,结合校园文化突出安全教育因素,充分利用校内相关社团,全方位开展校园安全教育活动。

5. 参观专业机构及安全知识展览

分期分批带领学生参观消防队、博物馆等专业机构,利用大型场馆举办安全展览,培养学生安全意识、提高学生安全技能,将中职学校的安全教育从"要我学"向"我要学"转变。

6. 利用网络进行宣传教育

随着信息技术的发展和移动终端的普及,网络的影响力越来越大,利用网络进行安全教育,其传播速度和传播范围是其他媒介无法比拟的,教师通过"慕课""微课"等形式向学生开展安全教育,学生可以通过网络进行自主性、研究性学习,线上交流、线下互动,提高学习效率和学习质量。因此,研发适合中职生的安全教育网络课程,是开展安全教育的有效途径之一。

7. 增设校内安全问题咨询室

在实际生活中,学生的个体安全问题是千差万别的。为了对症下药,使安全教育富有时代性、科学性、针对性,应当建立专门的学生安全咨询室,开展安全咨询服务活动。通过谈心、开导、求助等方式,及时帮助学生克服各种原因导致的身体和心理问题,确保学生身心的健康发展。

为有效开展安全教育,教育管理机构和各级学校应该建立健全与安全相关的机制,加强落实和监督,切实将"安全责任重于泰山"的理念灌输给每一位学生。在开展日常的宣传教育的同时,加强管理,从管理机制上加强学生安全防范工作。从学生管理层面上,建立、健全校园安全管理领导小组,加强安全教育师资建设,完善安全教育运行机制,进一步明确分工,落实责任制,形成全校齐抓共管的安全教育氛围。

单元 2

校园安全

校园安全是全社会安全工作的重要组成部分,它直接关系到青少年学生能否安全、健康地成长,同时影响着家庭的幸福安宁和社会的和谐稳定。

校园事故是指学生在校期间由于某种原因而导致的意外伤害事件。1990年世界卫生组织发布报告,在世界大多数国家中,意外伤害是儿童和青少年致伤、致残、致死的最主要原因。意外伤害不仅造成了儿童和青少年的永久性残疾和早亡,给孩子带来痛苦,给家庭带来不幸,而且消耗了巨大的医疗费用,给社会、学校和家庭造成巨大的负担。在我国,儿童和青少年的意外伤害多发生在学校和上、下学的途中;而在不同年龄的青少年中,15～19岁年龄段意外伤害的死亡率最高。中职学生正处于这一年龄段,因此,加强安全教育刻不容缓。

校园安全问题已成为社会各界关注的热点问题。保护好每一个孩子,降低意外伤害事故的发生率,是学校教育和管理的重要内容。所以要充分利用社会资源,以学校教育为主导,家庭教育为辅助,全面开展安全教育,杜绝校园暴力、校园盗窃、校园诈骗等事件的发生,共同构建安全、稳定、和谐的学习环境。

2.1 踩踏事故

踩踏事故是指在某一事件或某个活动过程中,因聚集在某处的人群过度拥挤,致使一部分甚至多数人因行走或站立不稳而跌倒未能及时爬起,被人踩在脚下或压在身下,短时间内无法及时控制、制止的混乱场面。人在意识到危险时,逃生是本能行为,大多数人都会因为恐惧而"慌不择路",引发拥挤甚至踩踏,轻则造成局部的混乱,重则严重影响社会秩序,纵观历史上发生的踩踏事件,大都会造成严重的人员伤亡,给家庭和社会造成无法弥补的损失。

发生踩踏事故的两个主要诱因是人员密集和空间狭小。在拥挤行进的人群中,如果前面有人摔倒,而后面不知情的行人继续前行,很容易发生踩踏事故。在那些空间有限,人群又相对集中的场所,例如球场、商场、狭窄的街道、室内通道或楼梯、影院、酒吧、夜总会、宗教朝圣的仪式上、彩票销售点、超载的车辆、航行中的轮船等都隐藏着潜在的拥挤和踩踏危险,当身处这样的环境中时,一定要提高安全防范意识。

引发踩踏事故的原因有多种,一般来讲,当人群因恐慌、愤怒、兴奋而情绪激动时,往往容易发生危险。在一些现实的案例中,许多伤亡者都是在刚刚意识到危险就被拥挤的人群踩在脚下,因此只有提高对危险的判别能力,尽早离开危险境地,学会在险境中进行自我保护,才能避免和减少踩踏事故的发生。

学校是人员密集区域,集体活动较多,如不掌握必要的安全常识,很容易引发拥挤和踩踏事故。

一、案例警示

案例回放

2014 年 9 月 26 日,昆明明通小学预备铃响后,学生从宿舍前往教室的过程中发生踩踏事故,导致 6 人死亡,26 名学生受伤。事故发生在下午 2 点 30 分左右,当时一二年级的学生集体结束午休,从休息的楼层下楼返回教室。午休室门口有两个长约 3m 的海绵垫子,很多学生出于好奇,上前击打,致海绵垫子翻倒在地,将一些学生压在下面。后面的同学不知道有人被盖住了,就踩了上去,同学们有的哭、有的喊、有的叫,现场一片混乱。

昆明明通小学踩踏事故

案例解析

表面上看是两块海绵垫子引发的踩踏事故,实则凸显了校园安全教育仍然是教育的短板,校园设施安全被忽视,安全岗位责任人缺失,安全疏散预案不合理,学生缺乏应对此类事故的日常演练,种种原因导致安全事故一触即发,酿成恶果。

案例回放

2014 年 12 月 31 日 23 时 35 分,正值跨年夜活动,因很多游客、市民聚集在上海外滩迎接新年,上海市黄浦区外滩陈毅广场东南角通往黄浦江观景平台的人行通道阶梯处底部有人失衡跌倒,继而引发多人摔倒、叠压,致使拥挤踩踏事故发生,造成 36 人死亡,49 人受伤。

上海外滩踩踏事故

案例解析

2015 年 1 月 21 日上海市公布了该事故调查报告,认定这是一起对群众性活动预防准备不足、现场管理不力、应对处置不当而引发的拥挤踩踏并造成重大伤亡和严重后果的公共安全责任事件。黄浦区政府和相关部门对这起事件负有不可推卸的责任。调查报告建议,对包括黄浦区区委书记周伟、黄浦区区长彭崧在内的 11 名党政干部进行处分。

二、安全建议

(1) 举止文明,人多的时候不拥挤、不起哄、不制造紧张或恐慌气氛。

(2) 尽量避开就餐、集会等人员密集时间,避免到拥挤的人群中凑热闹,不得已时,尽量走在人流的边缘。

(3) 在通过较窄的通道或上下楼梯时相互礼让,靠右行走,遵守秩序,注意安全。

(4) 发觉密集的人群向自己行走的方向拥过来时,应立即避到一旁,不要慌乱,不要奔跑,避免摔倒。

(5) 顺着人流走,切不可逆着人流前进,否则,很容易被人流推倒。

(6) 在人群中走动,遇到台阶或楼梯时,尽量抓住扶手,防止摔倒。

(7) 在拥挤的人群中,要时刻保持警惕,当发现有人情绪不对,或人群开始骚动时,就要做好准备保护自己和他人。

(8) 在人群骚动时,要注意脚下,千万不能被绊倒,避免自己成为踩踏事故的诱发因素。

(9) 如果陷入拥挤的人流时,一定要先站稳,保持镇静,即使鞋子被踩掉,也不要弯腰捡鞋子或系鞋带。有可能的话,可先尽快抓住坚固可靠的东西站稳,待人群过去后再迅速

避免踩踏的方法

离开现场。

（10）当发现前面有人突然摔倒，要马上停下脚步，同时大声呼救，告知后面的人不要向前靠近。

（11）若自己被人群拥倒后，要设法靠近墙壁，身体蜷成球状，双手在颈后紧扣以保护身体最脆弱的部位。

（12）入住酒店、去商场购物、观看演唱会或体育比赛时，务必留心疏散通道、灭火设施、紧急出口及楼梯方位等，以便关键时刻能尽快逃离现场。

（13）发生踩踏最明显的标志是人流速度突然发生了变化，并发生了方向改变。突然感觉"被推了一下"或者听到莫名尖叫时也要特别警觉，此时踩踏可能已经发生。

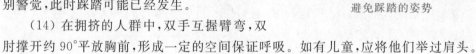

避免踩踏的姿势

（14）在拥挤的人群中，双手互握臂弯，双肘撑开约90°平放胸前，形成一定的空间保证呼吸。如有儿童，应将他们举过肩头。

 小贴士

拥挤的人群有多大的能量？

如果你被汹涌的人潮挤在一个不可压缩的物体上，比如一面砖墙、地面或者一群倒下的人身上，背后七八个人的推挤产生的压力就可能达到一吨以上。实际上在踩踏事故中，遇难者大多并不是真的死于踩踏，他们的死因更多的是挤压性窒息，也就是人的胸腔被挤压得没有空间扩张。在最极端的踩踏事故中，遇难者甚至可以保持站立的姿态。

三、应对措施

（1）迅速与周围的人进行简单沟通——如果你意识到有发生踩踏的危险或者已经发生了踩踏，你要迅速与身边的人（前后左右的五六个人即可）做简单沟通：让他们也意识到有发生踩踏的危险，要他们迅速跟你协同行动，采用人体麦克法进行自救。

（2）一起有节奏地呼喊"后退"（或"go back"）——你先喊"一、二"（或 one，two），然后和周围人一起有节奏地反复大声呼喊"后退"（或"go back"）。

（3）让更外围的人加入呼喊——在核心圈形成一个稳定的呼喊节奏后，呼喊者要示意身边更多的人一起加入呼喊，争取在最短的时间内把呼喊声传递到拥挤人群的最外围。

（4）最外围的人迅速撤离疏散——如果你是身处拥挤人群最外围的人，当你听到人群中传出有节奏的呼喊声（"后退"）时，你应该意识到这是一个发生踩踏事故的警示信号。此时你要立即向外撤离，并尽量让你周围的人也向外撤离，同时尽量劝阻其他人进入人群。

（5）绝对不要前冲寻亲——即便你有亲属甚至孩子在人群中，在听到"后退"的呼喊声后，也不要冲向人群进行寻亲或施救。你应该意识到后退疏散是此时最明智的救助亲人的方式。前冲寻亲只会迟滞或妨碍对亲人的有效救助，从而让你的亲人陷入更危险的境地。

（6）如不慎倒地，应两手十指交叉相扣，护住后脑和后颈部；两肘向前，护住双侧太阳穴；双膝尽量前屈，护住胸腔和腹腔的重要脏器；侧躺在地，千万不要仰卧或俯卧。发生踩踏事故时，在确保自己安全的前提下及时拨打110或999急救，当医护人员无法及时抵达现场，互救可能是唯一可以延续生命的方法，对于失去生命迹象的伤者，要不间断地实施心肺复苏术，直到急救人员到来。

倒地后避免踩踏的姿势

本节思考题

（1）发生踩踏事件的诱因是什么？

（2）当自己判断踩踏可能发生，并且身处人群之中时，你应该怎么办？

（3）救助伤者实施心肺复苏术时的标准是什么？

2.2 校园暴力

校园暴力是发生在校园内或学生上学、放学途中，由老师、同学或校外人员，蓄意滥用语言、肢体、器械、网络等，针对师生的生理、心理、名誉、权利、财产等实施的达到某种程度的侵害行为。近年来，我国校园暴力事件频发，并不时有一些性质相当恶劣的案件被报道。案件中那些心灵扭曲的孩子作案手段之残忍，令人触目惊心。任何形式的校园暴力都是不可接受的，施暴者、受害者、甚至旁观者都会受到不同程度的伤害，施暴者由于得到某种满足，逐渐变得冷漠无情，自高自大。受害者经常因受到威胁而形成心理问题，影响健康，甚至影响人格发展。旁观者也经常因为受到惊吓而感到不安和惶恐。校园暴力也会影响到学校的整体纪律和风气，所以，学校须正视校园暴力，通过教育制止和预防校园暴力事件的发生。

拒绝校园暴力

我们学校不存在暴力：这是一个常见的误区，校园暴力通常被认为仅发生在"其他"学校里，尤其是那些"野蛮"地区，而没有发生在自己的学校。正是在最容易忽视校园暴力的学校，最有可能发生校园暴力。校园暴力发生在每一个学校，远超出人们的认识程度。承认校园暴力是制止校园暴力发生的第一步。

校园暴力多种多样，最常见的有语言暴力、肢体暴力、冷暴力和网络暴力，下面通过对这四种暴力形式的详细分析，让大家更深刻的认识校园暴力发生的原因和危害。

一、语言暴力

语言暴力就是使用谩骂、诋毁、蔑视、嘲笑等侮辱性、歧视性的语言，致使他人的精神和心理遭到侵犯和损害，属于精神伤害的范畴。而低龄语言暴力，就是限定了施暴者或受暴者是青少年。很多情况下，语言暴力源自不平等的相互关系，受害者通常缺乏自卫的力量，未成年人遭受的语言暴力就属于这一类。

哈哈，他是差生！

语言暴力

1. 案例警示

晓玲自从戴上牙套之后,就开始了一连串的梦魇,班上同学给她取了"牙套妹""钢牙女"等一些难听的绰号,而且经常当着她的面这样叫她,这些绰号都会紧跟着她,晓玲感到既生气又难过。终于有一天,晓玲在课间的时候疯狂地和一个称呼她绰号的男生扭打起来,并险些将他的眼睛戳瞎……

同学之间,给别人起绰号、公开别人隐私、讽刺挖苦他人、嘲笑他人的生理缺陷等是最常见的语言暴力。处于青春期的学生是十分敏感的,这个时期的人需要在群体里面找到被认同感,往往自身的缺点和短板是一个人最薄弱的痛点,即便是无心的玩笑,但反复戳某人的痛点,也可能会引来极其严重的后果。

当然同学之间起绰号并不总是表达憎恶或者讽刺的意思,一部分人认为叫绰号是跟自己关系好的表现,所以也要区别对待。对待不合理的称呼,当事人一定要第一时间当着众人的面与其沟通,千万不能以消极、不作为的形式来处理,你的义正词严会让好事者自觉无趣,也便不再起哄。

据报道,2015年1月10日晚,家住成都郫县一位叫小盈的14岁少女,因为晚归和父母发生冲突后从六楼跳下,在抢救了近1小时后,她还是离开了这个世界。小盈在跳楼前给父母留下了一封长达四页的遗书,这封遗书沉重得几乎让人窒息,她以将近一页纸的篇幅,写了几十个"你死了算了""我还不如没生你""早知这样当初就该……"之类的父母责骂的话。

对于家庭语言暴力,多数人似乎都心有灵犀,缄口不谈。也许大家认为这是家务事,教训孩子是父母的权利,骂孩子也是一种关爱。其实这纯粹是误解,语言暴力丝毫不亚于肉体暴力对孩子的伤害。广东佛山市妇联公布的《佛山市少年儿童权益保护调查报告》显示,孩子们最害怕的不是父母的拳脚,而是语言暴力,一句"很笨""累赘""废物"等,比任何惩罚都让孩子们更恐慌。

语言是有能量的,积极的、温暖的语言能让孩子变得自信、乐观,而攻击性、破坏性的语言则可能毁掉孩子的一生。"良言入耳三冬暖,恶语伤人六月寒。"鉴于此,希望家长在批评教育孩子时,一定要放下语言暴力的"凶器",学会用心沟通、用心关爱,这样才能达到教育的目的。

2. 安全建议

（1）无论遇到何种暴力，都不能忍气吞声，要及时向老师、家长反映，甚至报警。

（2）学生时代，穿戴用品尽量低调，不要特立独行、过于招摇。

（3）讲文明、讲礼貌，不使用侮辱性语言。

（4）不随意给他人起绰号，不恶意攻击他人的生理缺陷。

（5）当老师或同学的言语伤害到自己时，要及时与其沟通，明确表达被伤害的事实。

（6）树立自信，用实际行动改变对方对自己的偏见。

 小贴士

语言暴力的危害

语言暴力虽然从表面上不具备暴力的特征，但是它对学生人格心理发展所造成的负面影响是长期的，不可估量的。它的危害主要有两种表现形式。

（1）形成"退缩型人格"，即孩子在高压下往往回避问题，回避现实，不敢与人正常交流，容易形成内向、封闭、自卑、多疑等人格特征，严重的会有自杀等极端行为。

（2）形成"攻击型人格"，即孩子在受到"语言暴力"之后，性格变得暴躁、易怒，内心充满仇恨、逆反，为了发泄不满，而对他人和社会采取过激行为，直接影响和危害社会，害人又害己。

3. 应对措施

当自己受到语言暴力的危害时，首先要表明自己的态度和立场，让对方明确自己的感受，避免积郁成怨。如果自己解决不了，应该寻求家长、熟悉的老师、心理咨询老师等的帮助，向他们阐述实际情况，在他们的协助下解决问题，一定不要任其发展，造成无法挽回的损失。

二、肢体暴力

肢体暴力是所有暴力中最容易识别的一种形态，它有着相当具体的行为表现，通常也会在受害者身上留下明显的伤痕，包括踢打同学、抢夺他们的东西等。施暴者的暴力行为也会随着他们年纪的增长而变本加厉。另外，校园性侵害也属于肢体暴力的范畴。

肢体暴力

1. 案例警示

案例回放

2016 年 1 月，一场远在美国的法庭宣判激起了国人的广泛议论。这起案件的原因是由于男女同学之间的争风吃醋而引起的，2015 年 3 月 30 日晚上罗兰岗公园，翟某、杨某和章某等 12 名被告将刘某挟持到人迹罕至之处，刘某遭受到了包括拳打脚踢、扒光衣服、用烟头烫伤乳头、用打火机点燃头发、强迫她趴在地上吃沙子、剃掉她的头发并逼她吃掉等虐待，其间还有人用手机拍下了刘某受虐照和裸照。整个折磨过程长达 5 小时，刘某遍体鳞伤，脸部瘀青肿胀，双脚无法站稳。2016 年 1 月 6 日，美国当地法院对三名被告翟某、杨某和章某分别判处 13 年、10 年和 6 年的刑期，而法官强调，三人服刑期满后将被驱逐出美国。

案例解析

肢体暴力往往会对被施暴者的身心造成伤害，并严重影响其正常学习，甚至会失去生命，给个人以及家庭带来永久性的伤害。经常受到校园暴力侵害的学生整日生活在暴力的阴影当中，有的学生身体受伤要住院治疗；有的学生精神失常；有的学生性格发生变化；有的学生因为无法承受压力而自杀，等等。就施暴者而言，有可能导致其形成反社会人格，最终走上犯罪道路。在本案例中，施暴人曾简单地以为就是同学间打架的事儿，赔点儿钱就能了事，没想到受到了如此严厉的惩罚。我国法律规定，不满 16 岁的未成年人免于刑事处罚，但同学们需要知道，习惯于使用暴力手段解决问题的人迟早会受到法律的制裁。

案例回放

衡水电视台对"冀州信都学校学生遭副校长暴打造成右耳耳聋"事件进行了报道，报道中称，2015 年 5 月 28 日，一名初三的学生被该学校副校长掌掴十几个耳光，造成耳聋耳鸣。事情发生以后，学校包括打人副校长一直无人出面，只是让家人带孩子看病，医药费学校全部承担。现这名学生因为惧怕该副校长不敢回到学校读书。6 月 9 日，一起更为恶劣的教师殴打学生事件再次发生在该校小学部四年级学生小凯身上，一名年仅 12 岁的孩子在校内遭到教师田某、郝某的连续多次殴打，事后还威胁孩子不能告诉家长是老师打的，使孩子身心受到严重的伤害，经衡水哈励逊国际和平医院诊断为骨及韧带损伤，经河北省第六医院心身疾病科检验临床诊断为急性应激障碍。

案例解析

我国现行《义务教育法》第二十九条规定：教师应当尊重学生的人格，不得歧视学生，不得对学生实施体罚、变相体罚或者其他侮辱人格尊严的行为，不得侵犯学生合法权益。

《教师法》第八条第五款也规定,"制止有害于学生的行为或者其他侵犯学生合法权益的行为",同时在第三十七条第(二)项和第(三)项规定"体罚学生,经教育不改的""品行不良、侮辱学生,影响恶劣的"等情节严重的行为,将给予行政处分或者依法追究刑事责任。我国现行《未成年人保护法》规定:学校、幼儿园的教职员应当尊重未成年人的人格尊严,不得对未成年人实行体罚、变相体罚或者其他侮辱人格尊严的行为。教职员对未成年人实施体罚、变相体罚或者其他侮辱人格行为的,情节严重的,依法给予处分。

2. 安全建议

(1) 远离不良社会群体,多交正能量的朋友。

(2) 上学、放学途中,尽可能结伴而行。

(3) 经常锻炼身体,使自己变得强壮。

(4) 与人发生冲突时,及时沟通化解,化干戈为玉帛,必要时请老师或家长协助解决。

(5) 三十六计,走为上策。身处险境时,逃跑并不丢人,人身安全永远是第一位的。

(6) 紧急时大声喊叫,以引人注意。

(7) 遭受肢体暴力后要及时报警,用法律武器捍卫自己的利益。

 小贴士

正 当 防 卫

我国《刑法》第二十条规定:为了使国家、公共利益、本人或者他人的人身、财产和其他权利免受正在进行的不法侵害,而采取的制止不法侵害的行为,对不法侵害人造成损害的,属于正当防卫,不负刑事责任。正当防卫明显超过必要限度造成重大损害的,应当负刑事责任,但是应当减轻或者免除处罚。对正在进行行凶、杀人、抢劫、强奸、绑架以及其他严重危及人身安全的暴力犯罪,采取防卫行为,造成不法侵害人伤亡的,不属于防卫过当,不负刑事责任。

3. 应对措施

当面临肢体暴力威胁时,首先要进行言语劝说,动之以情,晓之以理;其次要尽量摆脱危险处境,向人多的地方逃跑,同时要伺机报警;如果已经无法逃脱,可以大声喊叫,向他人求救;施暴过程中要保护头、内脏等重要器官,避免发生不可逆的伤害;被侵害后及时报警,将施暴者绳之以法,避免惨剧再次发生。

三、冷暴力

冷暴力是最常见,也是最容易被忽视的,通常是通过说服同伴排挤某人,使弱势同伴被孤立在团体之外,或借此切断他们的关系连接。其表现形式多为冷淡、轻视、放任、疏远和漠不关心,致使他人精神上和心理上受到侵犯和伤害。此类暴力伴随而来的人际疏离感,经常让

冷暴力

受害者觉得无助、沮丧。

常见的校园冷暴力有以下两种形式。

冷漠型：常见于师生之间。因某些原因教师无视某个学生的存在，视学生为空气。如故意不和该学生交流，不让他回答问题，让他一直坐在后排某个角落等。

孤立型：常见于同学之间。同学之间形成某种固定的团体或共识，对某个学生进行排挤、孤立、歧视、侮辱等现象，如团队活动没人愿意和他组合，社团活动不接受他的报名，故意不和他说话等。

1. 案例警示

小畅的家庭条件不好，母亲卧病在床，父亲是个临时工，为了不让自己显得很格格不入就开始做一些小偷小摸的事情，后来很快就被发现了。但因为金额不是很大，也构不成犯罪，学校也没办法将其开除，但在学校，老师暗示学习好的同学不要理他，并在班级活动和家长会上会向一些人讲述他的偷盗行为，很快对于他的评判尽人皆知，于是所有学生都像中了魔怔一样躲避他。即使在体育课的分组竞赛中，被孤立的也只有他一个人，而事实上那个时候距他最后一次偷东西已经过去一年有余了。有一天班上有人丢东西，小畅自然被认为是最大的嫌疑人，在老师的责问和同学们的冷眼中他选择冲上楼顶试图跳楼，经过学校和消防队员的努力，把小畅救了下来。而当天就发现丢失的东西是该同学落在家里而已。但小畅从此拒绝再去学校，那年他只有 11 岁。

校园冷暴力的受害对象是处于弱势的学生，而施加冷暴力的却常常不止一个人。尤其是在封闭式的中职学校里，学生离开了家庭，来到了一个同龄人"聚集区"，这个时候，每个同学都会受到周围同学的影响，只有彼此间建立平等的友谊，才能共同进步、健康成长，孤立、排挤某个人或某些人，不但会伤害这些人，也不利于自己的全面发展。

2010 年 4 月 6 日，河南省洛阳市孟津县西霞院初级中学初一学生雷梦佳和同年级其他班另一个女同学打架后，班主任组织全体同学投票。投票之前，老师让雷梦佳先回避，然后让全班同学就雷梦佳严重违反班纪班规的现象做了一个测评。测评是道选择题：是留下来给她一次改正错误的机会，还是让家长将其带走进行家庭教育一周。结果 26 个同学选择让她回家接受教育一周，12 个同学选择再给她一次机会。在得知自己被大部分同学投票赶走后，雷梦佳在学校附近的黄河渠投渠自尽。

 **案例解析**

上述事件中,因学校制度不完善,老师考虑不周全,学生维权意识淡薄,最终酿成悲剧。每个孩子都有自尊心,当她的心理底线被击溃时,容易做出非理智的举动,看似民主的表决,却伤及了孩子的自尊,葬送了孩子的性命,这也突显了我国部分地区教育理念落后,教育体制陈旧。青少年时期,学生对事物的判断比较片面,对事件后果的估计不充分,其个人观点容易受到外界因素的影响,难免做出不恰当的决定,学校和教师必须加以正确引导,避免学生误入歧途。

2. 安全建议

(1) 面对冷暴力,以冷制冷是个治标不治本的方法。

(2) 当遇到冷暴力时,一定要积极解决,切莫逃避。

(3) 多做换位思考,站在对方的角度看问题,多一些体谅和理解。

(4) 严于律己,友善待人,和周围同学处好关系。

(5) 多参加集体活动,感受集体活动带来的快乐,增强归属感和认同感。

 小贴士

冷暴力的危害

学生的自信心被扼杀,往往对学校环境失去兴趣甚至抵触,形成不良的性格,导致心理疾病,通常会发展成为"你们不理我,我也不理你们"的状况,逐渐养成孤僻的性格,反过来更不被大家接受。与老师或同学们产生感情上的鸿沟,有时会发展成为对立甚至仇视的关系状态,极端条件下会衍生出肢体暴力。

3. 应对措施

如遭遇同学的冷暴力,首先要弄清楚其中的原因,再找他人沟通,解除误会;如果自己无法解决时,可以求助班主任或心理老师,向他们说明原因,在他们的帮助下,伺机和同学们进行沟通。如遭遇老师的冷暴力,要清楚自身的问题出在哪里,及时跟老师进行沟通,也可以采用信件或短信的方式沟通,若感觉无法解决,可以向其他熟悉的老师或家长求助。

四、网络暴力

网络暴力是指通过网络发表具有攻击性、煽动性、侮辱性的言论,这些言论打破道德底线,造成当事人名誉受损。网络暴力不同于现实生活中拳脚相加、血肉相搏的暴力行为,而是借助网络的虚拟空间,用语言、文字、图像等对他人进行讨伐和攻击。例如对事件当事人进行"人肉搜索",将其真实身份、姓名、照片、生活细节等个人隐私公布于众。时常使用攻击性极强的文字,甚至使用恶毒、残忍、不堪入目的语言,严重违背人类公共道德和传统价值观念。这些评论和做法,不但严重地影响了事件当事人的精神状态,更破坏了当事人的工作、学习和生活秩序,甚至造成更加严重的后果。

　　网络暴力是"舆论"场域的群体性纷争,以道德的名义对当事人进行讨伐,可以说是网络自由的异化,这无疑阻碍了和谐网络社会的构建。与现实社会的暴力行为相比,网络暴力参与的群体更广,传播速度更快,因此某些意义上说,可能比现实社会的暴力产生的危害更大。网络暴力的产生虽然时间不长,但是危害大、影响范围广,而且蔓延趋势严重,所以说网络暴力也是一种严重的犯罪。

网络暴力

　　网络暴力可以分为几类,从形式上可以分为以文字语言为形式的网络暴力和以图画信息为形式的网络暴力,往往后者造成的危害更加严重;从性质上可以分为非理性人肉搜索和充斥谣言的网络暴力;从作用方式上可以分为直接攻击和间接攻击,对当事人来说,直接攻击会在短时间内造成严重的困扰。

　　1. 案例警示

案例回放

　　2015年9月,一位女生在微博上贴出来几张殴打同学并让她下跪的照片。照片中可以看出有四名女孩将一名女孩围在中间,还有一名男孩在旁边用手机拍摄。因为跟帖的网友说这些照片"太暴力",女生将微博上的照片删除,但是宣称"爱我的人不解释",并表示"今天很刺激"。

案例解析

　　殴打同学本身就是肢体暴力,已经对受害者造成了身体上的伤害,又在网络上贴出施暴照片,无异于火上浇油,不但给受害者的心理增添了更加巨大的伤害,而且对学校、家庭和社会都造成了极为恶劣的影响。贴图同学非但不生怜悯、同情之心,反而认为这样的做法很刺激,足见其变态心理,如果不及时予以调教,很可能做出更加出格的事情,甚至沦为社会渣滓,自毁前程。

 案例回放

2013年9月16日,美国佛罗里达州一名12岁女孩丽贝卡·安·瑟迪维克,因不堪承受在社交媒体上连续数月遭到其他女孩的恶意攻击,最终选择在一个废弃的水泥厂中跳楼自杀。她的母亲说,女儿曾收到"你很丑""你为什么还活着"这样的短信。虽然母亲后来把她的手机没收,并把她的Facebook账号关闭,但还是没能挽救丽贝卡。警察局长贾德在记者会上说:"当局已确认10多名涉及欺凌丽贝卡的女生的身份。她们同样是女生,而且也是十几岁的年纪。"

 案例解析

网络暴力问题体现在很多方面,比如网络谣言、网络人身攻击等,与网络发展历程及特性密切相关。网络出现以前,信息发布与传播基本上是单向的,人们的信息交流手段比较单一,信息沟通平台基本处于可以确认个人身份的状态,人们往往也会顾虑交流对象的感受。而网络出现以后,从有限空间变成了开放空间,匿名、互动的方式使得人们淡化了责任意识,对在开放空间中言语表达肆无忌惮,容易将网络变成个人声音的放大器和情绪宣泄的工具。

2. 安全建议

(1)不要将匿名的网络社交平台变成个人情绪的发泄地。

(2)严于律己,恪守社会公德,在网上不发表过激和失实的言论。

(3)理性看待网络攻击,不要受到不当言论的影响。

(4)注重保护个人隐私,加强个人网络信息的保密措施。

(5)在遭遇网络攻击时,可以暂时关闭或注销该网络通信账号。

(6)当个人权益受到侵害时,要拿起法律的武器保护自己或反击他人。

 小贴士

追溯中国的"网络暴力"

中国的"网络暴力"问题,至少可以追溯到2001年美国"9·11"事件发生的次日。当时,一些青年网民以异乎寻常的言论表达自己对现实暴力与血腥的倾慕。

3. 应对措施

青少年学生坚决不能成为网络暴力的参与者,不发布或传播过激、不当、不实言论,对网络中的是非之事不妄加评论,以免成为网络暴力的目标。如果正遭遇此类事件的困扰,切莫以暴制暴,更不能受此影响而心灰意冷,甚至走上绝路,一定要冷静思考、理性对待,通过暂时关闭或注销该网络通信账号、要求对方撤销或删除不当信息、要求对方公开辟谣、向家人或老师求助、报警等方式保护个人权益。

本节思考题

（1）自己是否正在或曾经遭受校园暴力？应该如何解决？

（2）你是否曾经在不经意间实施或者参与了某些校园暴力？如果有应该怎样改正？

（3）当你察觉到校园暴力正在发生，作为旁观者你应该怎么做？

2.3　校园盗窃

校园盗窃案件是指以学生的财物为侵害目标，采取秘密的手段进行窃取并实施占有行为的案件。盗窃犯罪是校园中常见的一种犯罪行为，其危害是不言而喻的。本节以学生宿舍为重点，简要介绍校园盗窃案件的表现形式、基本特征以及预防措施，以提高学生特别是新生的防范意识，加强对自身财物的保管，不给犯罪分子可乘之机，从而减少盗窃发案，避免财产损失。

校园盗窃

校园盗窃案件的主要形式有三种，即内盗、外盗、内外勾结盗窃。内盗是指学校内部人员实施的盗窃行为。根据有关资料统计，在校园发生的盗窃案件中，内盗案件占一半以上。作案分子往往利用自己熟悉盗窃目标的有关情况，寻找作案最佳时机，因而易于得手。这类案件具有隐蔽性和伪装性。外盗是相对内盗而言的，是指校外社会人员在学校实施的盗窃行为。他们利用学校管理上的疏漏，冒充学校人员或以找人为名进入校园内，盗取学校资产或师生财物。这类人员作案时往往携带作案工具，如螺丝刀、钳子、塑料插片等，作案时不留情面。内外勾结盗窃是学校内部人员与校外社会人员相互勾结，在学校内实施的盗窃行为。这类案件的内部主体社会交往比较复杂，与外部人员都有一定的利害关系，往往结成团伙，形成盗、运、销一条龙。

一般盗窃案件都有以下共同点：实施盗窃前有预谋准备的窥测过程；盗窃现场通常遗留痕迹、指纹、脚印、物证等；盗窃手段和方法常带有习惯性；有被盗窃的赃款、赃物可查。由于客观场所和作案主体的特殊性，校园盗窃案件还有以下特点。

（1）时间上的选择性。作案人为了减少违法犯罪风险，在作案时间上往往进行了充分的考虑，因而其作案时间大多在作案地点无人的空隙实施盗窃。

（2）目标上的准确性。校园盗窃案件特别是内盗案件中，作案人的盗窃目标比较准确。由于大家每天都生活、学习在同一个空间，加上同学间互不存在戒备心理，东西随便放置，贵重物品放在柜子里也不上锁，使得作案分子盗窃时极易得手。

（3）技术上的智能性。在校园盗窃案件中，作案主体具有特殊性，高智商的人较多，有的本身就是学生。在实施盗窃过程中对技术运用的程度较高,自制作案工具效果独特先进,其盗窃技能明显高于一般盗窃作案人员。

（4）作案上的连续性。"首战告捷"以后,作案分子往往产生侥幸心理,加之报案的滞后和破案的延迟,作案分子极易屡屡作案而形成一定的连续性。

一、案例警示

案例回放

某中职学生聂某在学校附近网吧上网时结识了周边无业青年蔡某,并很快成为好朋友。一天蔡某问聂某有没有什么搞钱的方法,聂某说自己学校自行车好搞,并答应自己在本系同学中低价销售自行车,蔡某当然高兴,于是很快达成一致。蔡某用同样的方法在不远的另一学校又找到了郭某,三人臭味相投立刻行动,三天工夫聂某搞到了8辆自行车交给蔡某,蔡某又交给聂某由郭某转移过来的5辆自行车销售。几天时间内两个学校被闹得人心惶惶,好在案件很快被侦破,三人也得到了应有的惩罚。

案例解析

处于中职年龄的学生,法律意识淡薄,思考问题比较简单,对违法行为的后果缺少判断力,容易被社会上的不法分子所利用,成为非法行为的参与者。另外,身处校内的学生,对于财物的保管比较随意,防范意识不强,给作案分子创造了可乘之机。

案例回放

某中职学生李某报案称她在建设银行的存款3800元被人分四次盗取了3700元,经过调查认定作案嫌疑人为桂某。桂某与李某同住一寝室,平时关系不错,在一次结伴到银行取钱的过程中,有心的桂某记住了李某的银行卡密码,于是伺机作案并得手。

案例解析

盗窃分子往往针对不同环境和地点,选择对自己较为有利的作案手段,以获得更大的利益。俗话说:"日防夜防,家贼难防。"身边的人更加了解自己,也最容易被忽视,所以盗窃更容易得手。青少年学生除了要加强防范意识,还要严于律己,不贪图钱财,不投机取巧,靠个人努力去实现目标。

小贴士

《菜根谭》警语

害人之心不可有,防人之心不可无,此戒疏于虑者。

二、安全建议

（1）居安思危，提高自我防范意识。

（2）严于律己，遵守学校安全规定。

（3）提高修养，养成良好生活习惯。

（4）谨慎交友，防止引狼入室，甚至同流合污，成为盗贼的帮凶。

（5）大额现金不要随意放在身边，应就近存入银行，同时办理加密业务，最好不将自己的生日、手机号码、学号等作为银行卡的密码，防止被他人发现盗取。

（6）将手机、银行卡、身份证等分开存放，以免同时丢失。

（7）贵重物品如笔记本电脑、照相机等，不用时最好锁起来，以防被顺手牵羊者盗走。

（8）爱护公共财物，保护门窗和室内设施完好无损，随手关窗锁门。

（9）不随意留宿他人，警惕陌生人。

（10）离开宿舍时，要养成随手关门的习惯，最后离开宿舍的人要锁好门。处于低楼层的宿舍还要锁好窗户，以免被盗窃分子从窗外"钓鱼"。

（11）乘坐公共交通工具时，不要挤在车门口，要尽量往车厢里走。

（12）不要在公共交通工具上聚精会神地做某件事，更不能熟睡。

（13）公交换乘站、火车站、景点售票处附近等人多拥挤的地方是盗窃犯罪的多发地，在此类地区应提高警惕。

（14）注意保护好钱物，背包、手提包等最好放在自己视线范围内。不要在裤子兜里放钱物，不要将钱包放在较浅的口袋里。不要将现金和各种证件、身份证放在一个钱包或一个口袋里。

（15）遇到陌生人问路或推销产品时，要注意拿好自己的随身物品，切忌放在身后或侧面，切勿让陌生人看管自己的财物。

三、应对措施

当自己的财物被盗时，不要惊慌失措，大张旗鼓，要沉着冷静，仔细回忆相关线索，同时注意保护现场，寻找有力证据，及时向学校保卫处报案或拨打110报警。如果周围有监控，可以求助保卫处调取录像资料查看。如果发现自己的手机、证件、银行卡等被盗，应立即挂失，避免发生更大的损失。

 本节思考题

（1）校园盗窃的主要形式有哪些？

（2）校园盗窃的特点有哪些？

（3）自己的财物被盗窃后，应该怎么办？

2.4　校园诈骗

近年来,校园诈骗案件频发,各类骗术层出不穷,严重扰乱了受害者的学习和生活。由于诈骗分子使用的手段不断翻新,使得单纯的学生防不胜防,校园诈骗的主要手段有以下几种:一是利用虚假身份行骗。诈骗分子往往利用虚假身份与学生交往,骗取学生的信任,诈骗得手后随即失去联系。二是投其所好,引诱学生上钩。一些诈骗分子往往利用学生急于就业、创业、出国等心理,投其所好、应其所急,施展诡计骗取财物。三是利用假合同或无效合同进行诈骗。一些骗子利用中职学生经验少、法律意识差、急于赚钱补贴生活的心理,常以公司名义让学生为其推销产品,事后却不兑现酬金而使学生上当受骗。四是以借钱、投资等为名实施诈骗。

校园诈骗

有的骗子利用学生的同情心骗取钱财,有的骗子利用学生急于求成的心理,以高利投资为诱饵,使学生上当受骗。五是以次充好,恶意行骗。一些骗子利用学生"不识货"又追求物美价廉的特点,上门推销各种产品而使学生上当受骗。六是骗取中介费。诈骗分子往往利用学生勤工俭学或找工作的机会,用推荐工作单位等形式,骗取介绍费、押金、报名费等。七是骗取学生信任后伺机作案。诈骗分子常利用一切机会与学生拉关系、套近乎,骗取信任后寻找机会作案。以上种种手段都是利用了学生的弱点,骗取钱财。

一、案例警示

案例回放

新生杜某开学报到,在办理校园卡充值的时候遇到一个自称学长的老乡,刚到学校就遇到老乡让杜某很是欣喜。一通攀谈后,"学长"神秘地告诉杜某有办法在校园卡充值上做文章,充一百得两百,杜某信以为真,就将银行卡号和密码等告知"学长",一通电话操作后果然校园卡上多出了一倍的金额。正当杜某还在对"学长"的恩情心存感激的时候,手机提示银行卡上的3000多元都被提取了,而此时"学长"也不见了踪影。其实根本不存在这种所谓的便宜,骗子用了很少的金钱为代价,骗得杜某的身份证号、银行卡号、密码等信息,通过网络转账将卡上的资金盗取。

案例解析

针对新生的诈骗是校园诈骗最常见的类型,诈骗者通常利用新生刚到一个新的地方环境不熟悉的特点,谎称老乡、学长等身份进行财物的诈骗。针对这一情况,我们可以采取的预防措施有:严格按校方新生守则进行相关准备工作,不要相信所谓捷径的存在;不贪便宜,特别是新交的朋友如果将更多的交往内容转移到财物上,一定要提高警惕;对新环境的了解要通过正确的渠道,比如辅导员或班主任等。

案例回放

2003年9月19日晚8时许,某中职学校2003级学生林某在教学楼前遇到两位(一男一女)自称南京某大学学生的年轻人,二人称到广州散心,钱已用完,想借林的银行卡转账。林不同意,他们便提出将一部"三星"手机抵押给林某,向林某借1000元人民币,第二天来还钱赎机,林某借给了他们500元人民币,他们便留下一部"三星"手机后溜走了,林后来发现此手机是与真实手机同等质感的假手机。

案例解析

利用同情心诈骗是校园诈骗另一种常见的手段,诈骗者通常利用学生涉世不深,思想相对简单,编造故事博取对方的同情,达到骗取对方财物的目的,更有甚者针对女学生是为了达到猥亵、性侵等目的。

二、安全建议

(1) 帮助陌生人要讲究方法,绝不能因为好面子而将自己的财物交其处理,或跟随陌生人去往陌生的地点。

(2) 不要将个人有效证件借给他人,以防被冒用。

(3) 不要将个人信息资料如银行卡密码、手机号码、身份证号码、家庭住址等轻易告诉他人,以防被人利用。

(4) 切不可轻信张贴广告或网上勤工助学、求职应聘等信息。

(5) 不要相信天上掉馅饼的事情,馅饼下面通常覆盖着一个陷阱。

(6) 与人相处目的要纯正,以高利投资、贪图享乐为目的往往会被人设局。

(7) 养成"做决定前想三分钟的习惯",或者和自己的挚友、老师商量一下,减少未知风险。

(8) 不要相信网络中所谓的非常渠道的货源,便宜的背后往往就是骗人的把戏。

(9) 到正规的网店、购物平台进行购物,不浏览如"翻墙网站""色情网站""博彩网站"等非法网站。

(10) 不要相信所谓的内幕消息,对方想的可能只是赚取你的入会费。

（11）通过正规的招聘网站或招聘会寻找工作机会，事先调查了解招聘企业的基本信息。

（12）遭遇要求缴纳各种费用的招聘企业要及时警醒，多数都是骗子公司。

（13）不要借助所谓的路子、关系、潜规则找到想要的工作。

小贴士

警方防诈骗口诀

> 看病消灾讲迷信，不要相信陌生人；
> 丢包分钱是陷阱，天上不会掉馅饼；
> 兜售抵押全都假，别听骗子说瞎话；
> 家庭情况要保密，不明来电多警惕；
> 贪图便宜要不得，千万不能换外币；
> 短信诈骗花样多，不予理睬准没错；
> 网络购物要小心，反复要钱是圈套；
> 飞来大奖莫惊喜，让您掏钱洞无底；
> 专利转让别轻信，全面验证多核实；
> 汽车退税有猫腻，骗取存款是目的；
> 买药看病到医院，保您平安不被骗；
> 遇人向您借手机，始终留意别远离。

三、应对措施

当自己的钱财被诈骗分子骗取后，应立即报警，保存好与骗子间聊天的记录、交换的物件等，并向警方提供有利线索，同时不要打草惊蛇，以免骗子逃之夭夭。如果被骗钱财数额较小，可先寻求学校保卫处、老师或家长的帮助，切莫借用"破财免灾""无关痛痒"的想法隐瞒了事，从而放纵诈骗分子。

本节思考题

（1）诈骗分子的主要诈骗手段有哪些？

（2）如果遭遇诈骗我们应该怎么做？

2.5　主要传染病的预防

传染病是由病原体微生物（病毒、立克次体、细菌、螺旋体等）感染人体后产生的有传染性的疾病，传染病的流行需要三个基本条件：传染源、传播途径、易感人群。学校是一个特殊场所，学生群体具有明显的聚集性、流动性和社会性，集体活动造成聚集，相互之间接触频繁，为传染病的传播提供了有利条件，因此学校成为传染病高发的场所。据中国疾

病预防控制中心 2013 年公布的数据显示：学校传染病事件占全国传染病事件的 64%
左右。

教室消毒

一、案例警示

案例回放

2013 年 10 月，北京市某中职学校学生张
某，因季节交替昼夜温差大而患上感冒。起初
病情并不严重，该生没有重视，也没有采取必要
的防护措施，结果感冒病毒在宿舍及班级内大
规模传播，最终导致班内三分之二以上的学生
被传染。

戴口罩防飞沫传染

案例解析

流感最容易在季节交替时发生，主要通过患者的飞沫传播。流感患者说话、打喷嚏时
喷出的飞沫，在被人们吸入呼吸道后，非常容易引起呼吸道感染，并由此患上流行性感冒。
所以，流感患者应及早到医院接受治疗，出门应戴上口罩，在打喷嚏或者咳嗽时，应用手帕
或纸巾掩住口鼻，避免飞沫沾染他人。

案例回放

在一次住院检查中，"90 后"女孩小雨被告知感染了艾滋病，而这次生病的原因就是
因艾滋病病毒引起。在被问到是怎么感染时，小雨一头雾水。在排查后，小雨坦言她曾结
交过 3 个男朋友，都发生过性关系，最后确定是被已经失踪的第二任男朋友传染的，而这
个男朋友曾经有吸毒史。

 案例解析

艾滋病是因感染人类免疫缺陷病毒(HIV)所致的严重细胞免疫功能缺陷的一种致命性传染病。世界卫生组织2013年发布的《全球青少年健康状况》指出,艾滋病已经成为青少年的第二大死因。在中国,性传播和毒品注射传播已占新发感染的90%,艾滋病病毒的传播在年轻人中间也呈上升趋势。因此,在与男(女)朋友交往时,应该多一些自我保护意识,采取安全措施,不要抱有侥幸心理,得不偿失。

二、安全建议

(1)除学习、娱乐之外,积极参加体育锻炼,避免过长时间宅于宿舍或图书馆,要积极走出室外,参加运动,增强体质。

(2)养成良好的卫生习惯,不与其他同学混用毛巾、牙刷等洗漱用品,尽量不混穿衣服。

(3)饭前便后要洗手,勤洗内衣内裤,勤晒被褥。

(4)寝室里要时常通风,保持室内空气流通。注意室内环境卫生,不要给蟑螂、老鼠留下生存的机会和条件。

(5)了解传染病知识,一旦发现同学感染传染病,要马上报告学校或医疗机构,如果自身发现类似症状应立即到医院检查,同时不要参加任何群聚性的活动,减少传染机会。

(6)性传播是很多接触类传染病的传播途径,在性行为中务必采用安全措施保护,如安全套等。在此提倡:洁身自爱,拒绝婚前性行为的发生。

(7)生病时要到正规的诊所、医院,不到医疗器械消毒不可靠的医疗单位特别是个体诊所打针、拔牙、针灸、手术等。不用未消毒的器具穿耳孔、文身、美容等。

(8)不与他人共用可能与血液及体液接触的私人物品,如牙刷、剃须刀等。

 小贴士

传染病预防口诀

勤洗手、晒衣被、吃熟食、喝开水、常通风、不扎堆。

三、应对措施

定期接受身体健康检查,接种相关传染病疫苗。若发现相关病情,应立即到医院接受治疗,做到"早治疗、早控制、早报告",及时控制传染源,切断传播途径;同时,避免产生恐慌情绪,保持心情愉悦,以积极的心态对抗疾病。

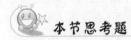 本节思考题

(1)当呼吸系统传染病暴发时我们应该如何保护自己不被感染?

(2)艾滋病的传播途径是什么?如何保护自己不被感染?

(3)乙肝病毒会因为握手、拥抱而互相传染吗?

单元 3

家庭安全

　　家庭是我们生活中最重要和最基本的活动场所,对于中职生来说,除了在学校学习之外,在家里的活动时间相对较多,家庭安全显得尤为重要。通常情况下,人们认为日常生活中最安全的场所就是在自己家里,但据调查显示,在城市家庭中,生活压力较大,活动空间相对窄小,更容易发生意外伤害事故。发生在家庭里的伤害事故主要包括家庭暴力、烧伤、用水用电、燃气泄漏、家庭火灾等。当前,大多数家庭缺乏基本的家庭安全知识,其根本原因是由于他们整体安全意识薄弱,获取安全信息的渠道单一,自防自救能力相对较差,发生安全事故后不能及时有效地采取应急措施。因此,所有家庭成员应提高防范意识,及时排除安全隐患,通过各种渠道掌握必要的安全知识和急救办法,减少和避免家庭伤害事故的发生。

3.1　家庭暴力

　　《中华人民共和国反家庭暴力法》于 2016 年 3 月 1 日起正式实施,这是中国出台的首部反家暴法。正式实施的新法明确了家暴范围,即家庭成员或家庭成员以外共同生活的人之间以殴打、捆绑、残害、限制人身自由以及经常性谩骂、恐吓等方式实施的身体、精神等侵害行为。近年来,我国的家庭暴力问题日渐突出,中国法学会"反对针对妇女的家庭暴力对策研究与干预"项目调查中,有 2/3 以上的家庭发生过对子女的家庭暴力行为。而在此过程中子女通常处于弱势地位,承受着家庭暴力带来的阴影和摧残。中职生处于青春期敏感阶段,价值观和人生观初步形成,应该了解和掌握一些应对家庭暴力的知识和方法。

一、案例警示

案例回放

　　2014 年 4 月 8 日,居民楼一户阳台上,一名中年男子将孩子推倒在地,扯住其头发,从阳台的一头拖到另外一头,将孩子的头往阳台上撞,而被打的原因是孩子因为饥饿偷吃了邻居家的食物。

 案例解析

　　未成年人遭遇家暴的事件一再发生,是家庭"威权文化"种下的恶果。因父母感情破裂,导致父亲对儿子的教育没有耐心,一旦孩子做错就是拳打脚踢。家庭暴力不仅对孩子的身体造成了伤害,同时也严重影响孩子的身心健康,容易引发焦虑、抑郁、自杀、人际关系障碍和品行障碍等问题。在遇到"家暴"时,可以通过大声呼救寻求家人和邻居朋友的帮助,必要时拨打"110"寻求帮助。

 案例回放

　　2015年12月15日,常州14岁女孩担心晚归被父母骂而跳河自尽。女孩的同学说,该女孩和同学出去玩太晚回家很担心被家长骂,一开始用玻璃割手腕,被同学劝阻下来,之后又跳河自尽,其他同学没有阻止得了这幕悲剧的发生。女孩生前对其同学说:太晚了回家不如死了算了。

 案例解析

　　处于青春初期的学生心理比较脆弱,受到责骂后容易做出不理性的举动。父母应该多抽时间跟子女沟通,了解其内心困惑,帮助他们排忧解难。作为中职生,应把自己内心的想法说给父母听,通过沟通来解决问题,一定不要钻牛角尖,更不要选择自残、轻生等极端办法逃避问题,这样只会让事态变得更加严重。

二、安全建议

　　(1)要警惕、识别、躲避可能发生的任何暴力侵害。

　　(2)大声呼救,要懂得保护自己,积极寻求家人和邻居的帮助。

　　(3)受暴者向朋友和亲友说出自己的经历,寻求帮助。

　　(4)在学校可以求助于心理咨询老师。

　　(5)严重的情况下,要拨打"110"报警。

　　(6)树立证据意识。受到严重伤害和虐待时,要注意收集证据,积极寻求帮助。

 小贴士

躲避家暴口诀

躲避暴打少受伤,大声呼叫找人帮,危急时刻需报警,自我保护莫恐慌。

三、应对措施

（1）《反家暴法》第十三条明确规定，家庭暴力受害人及其法定代理人、近亲属可以向加害人或者受害人所在单位、居民委员会、村民委员会、妇女联合会等单位投诉、反映或者求助。有关单位接到家庭暴力投诉、反映或者求助后，应当给予帮助、处理。

（2）此外，法律还规定，家庭暴力受害人及其法定代理人、近亲属也可以向公安机关报案或者依法向人民法院起诉。而单位、个人发现正在发生的家庭暴力行为，有权及时劝阻。而且警方出警的记录和笔录还可以成为日后的有力证据。其次要保留医院就诊病历。另外要争取证人证言，目睹事实的家庭成员、朋友、邻居等都可以作为证人。

 本节思考题

（1）如你的朋友遇到家庭暴力，你会给他怎样的安全建议？

（2）遇到经常性的家庭暴力时，应该怎样寻求帮助？

3.2　烧　　伤

烧伤，别名烫伤，是一种由物理或化学因素，如热力、化学、电流及放射线等引起的常见的外伤性疾病。烧伤是生活中常见的意外伤害，小面积烧伤可引起皮肤和（或）黏膜组织或相应的深层组织的损伤。较大面积的烧伤，可引起机体的各个系统出现不同程度的功能、代谢和形态变化，其主要症状是局部疼痛，皮肤红肿、水泡、破损等，伤处皮肤炭化形成焦痂，并可有呼吸困难、休克及昏迷等，死亡率很高。据统计，每年因意外伤害死亡的人数中，烧伤仅次于交通事故，排在第二位。

根据烧伤损伤到皮肤的深度，可将烧伤分为Ⅰ度、浅Ⅱ度、深Ⅱ度、Ⅲ度。

Ⅰ度烧伤：表皮角质层、透明层、颗粒层的损伤，局部红肿，故又称红斑性烧伤。有疼痛和烧灼感，皮温稍增高，3～5天后局部由红转为淡褐色，表皮皱缩脱落后愈合。可有短时间色素沉着，不留瘢痕。

浅Ⅱ度烧伤：伤及真皮浅层，部分生发层健在。局部红肿，有大小不一水泡，内含黄色或淡红色血浆样液体或蛋白凝固的胶冻物。若无感染等并发症，约2周可愈。愈后短期内可有色素沉着，不留瘢痕，皮肤功能良好。

深Ⅱ度烧伤：伤及真皮乳头层以下，但仍残留部分网状层。局部肿胀，间或有较小水泡。由于残存真皮内毛囊、汗腺等皮肤附件，仍可再生上皮，如无感染，一般3～4周可自行愈合。愈合后可有瘢痕和瘢痕收缩引起的局部功能障碍。

Ⅲ度烧伤：全层皮肤烧伤，可深达肌甚至骨、内脏器官等。皮肤坏死、脱水后形成焦痂。创面蜡白或焦黄，甚至炭化。干燥、无渗液、发凉，针刺和拔毛无痛觉。可见粗大栓塞的树枝状血管网（真皮下血管丛栓塞），以四肢内侧皮肤薄处较为典型。愈合后多形成瘢痕，正常皮肤功能丧失，且常造成畸形。

一、案例警示

 **案例回放**

2014 年 9 月 2 日中午,大二女生小倩和校友小庆在义乌苏溪的一家烧烤店就餐,服务员在加火时使用酒精不当,拿着一瓶液态酒精直接往还有明火的烧烤炉上倒,火焰顿时就冲了上来,小倩瞬间被大火吞噬,导致全身 80% 烧伤。

 案例解析

由于服务员缺乏安全意识,引发不可逆转的人身伤害。没有熄灭明火直接添加酒精,是非常危险的做法,因为酒精极易挥发,而且挥发之后就会以气体的形式向四周扩散,挥发成气体的酒精依然易燃,如果在没有完全熄灭明火的情况下去添加酒精,那么挥发在四周的气体酒精很容易燃烧起来,进而引燃液体酒精,甚至可能引发爆炸。

 **案例回放**

2014 年 11 月 23 日,已经在床上的小甘觉得被窝很冷,她又把电热水袋插上了插座,而让她没有想到的是,危险正悄悄向她靠近。"平常都是加热到一定程度会自动跳掉的,可当时一直没有反应,我就准备拔插头,就在这时电热水袋突然爆炸了。"小甘回忆,那一瞬间眼前一黑,感觉像是一盆开水从头淋下。这次事故,导致她全身 5% 的皮肤深Ⅱ度烫伤,特别是脸部,有毁容的风险。

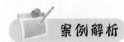 **案例解析**

由于小甘安全意识薄弱,结果导致意想不到的损伤。在平时的生活中,可以采用普通的热水袋取暖,避免安全事故的发生。不要在宿舍使用电热水袋、"热得快"等大功率电器,以及伪劣插座、劣质充电器等产品,如操作不当或产品质量不过关,极易引发爆炸或者火灾。

二、安全建议

(1) 热水瓶、烧水壶、汤锅等都是危险的热源,一定要放在安全、平稳的地方。

(2) 揭开盛有沸水的容器时,当心被水蒸气烫伤。

(3) 盛热汤、热水时不要太满,以防端起时溢出烫伤。

(4) 取微波炉或烤箱里加热的食物时,要戴专用手套。

(5) 电熨斗等高热电器用完后一定要及时切断电源。

(6) 做饭时要等锅内残留的水烧干后再倒油,当心热油溅出烫伤。

（7）寒冷的冬季使用热水袋保暖时,热水袋外边用毛巾包裹,手摸上去不烫为宜。

（8）烫伤处应避免在阳光下直射,包扎后的伤口不要触水,烫伤的部位也不要过多活动,以免伤口与纱布摩擦,增加伤口的愈合时间。

（9）烫伤后不要立刻涂抹牙膏,牙膏会使皮肤热气无处散发,只能往皮下组织深处扩散,从而造成更深一层的伤害。

 小贴士

烧伤急救5字口诀

冲：用流动的水冲洗创面降温。

脱：在冲洗时使异物脱离创面。

泡：烫伤比较严重时,为降低水流冲击可将伤口泡在干净的水里降温。

盖：简单处理后送往医院途中,使用干净的毛巾和衣物盖住伤口,以免沾染异物。

送：送医院急救。

三、应对措施

无论是化学烧伤还是热力烧伤,伤害都是首先从皮肤表面损伤开始,然后逐渐向皮肤深部及皮下组织逐渐发展的。如果能在烧伤后及时采取措施终止烧伤的进展,就能将损伤降至最低。因此应该争分夺秒采取终止继续烧伤的措施。反之如果不做处理,就有可能导致严重的伤害。

化学烧伤。当强酸（如硫酸、硝酸、盐酸等）或强碱溶液溅到皮肤上时,应立即用水冲洗,快速、大量、反复冲洗,减轻腐蚀性,避免严重烧伤。对化学烧伤还可使用中和剂进行冲洗,如强酸烧伤用弱碱性的小苏打水或碱性肥皂水冲洗,强碱烧伤用醋兑水冲洗,但如果身边无中和剂,要尽快用水冲洗。

热力烧伤。在被烧伤后要迅速将患处浸泡于冷水中,或打开水龙头让水直接冲洗烫伤部位半个小时左右,这样能够起到快速降温作用。如果伤口处已经破开,就不可再行浸泡,以免感染。如果有水泡,一般不要弄破,以免留下疤痕,但水泡较大或处在关节等较易破损的部位,可用消毒针扎破,再用消毒棉签擦干水泡中流出的液体。如果烫伤比较严重,应先用干净纱布覆盖或暴露,然后迅速送往医院就医,不可在创面上涂抹药物。对于面部、口腔、喉部、颈部烧伤和吸入热气造成的呼吸道烧伤的患者,患处很快发生炎性肿胀,堵塞呼吸道,患者随时有窒息的危险,应争分夺秒,迅速送往医院。

 本节思考题

（1）烧伤的程度是怎样划分的?

（2）遇到化学烧伤应采取怎样的应急处理措施?

（3）遇到热力烧伤应采取怎样的应急处理措施?

3.3 用电安全

电的发现和利用给人类的生产和生活带来了极大的方便,以电为能源的各种设备已全面影响人们的日常生活,但如果使用不当,容易造成触电事故。触电对人的伤害主要是电灼伤和电击伤。其中,电灼伤主要是局部的热、光效应,轻者只见皮肤灼伤,重者可伤及肌肉、骨骼,电流入口处的组织会出现黑色碳化。而电击伤则是指由于强大的电流直接接触人体并通过人体的组织伤及器官,使它们的功能发生障碍而造成的人身伤亡。据统计资料表明,我国每年因触电而死亡的人数约占全国各类事故总死亡人数的 10%。因此,我们在日常生活中必须熟悉电的特性和电器的使用方法,学习基本的用电知识,定期检查电器、电路的使用情况,及时维修损坏的电器和线路,远离高压电设备,防范触电危险。

一、案例警示

2013 年 3 月 6 日,小冉在宿舍使用"热得快"烧水,突然接到同学电话邀约,就急匆匆地离开了宿舍,水瓶里的水烧干后,"热得快"产生的高热引发宿舍失火,所幸未造成人员伤亡……

因为小冉的安全意识淡薄,图方便在宿舍使用"热得快"烧水,结果导致宿舍失火。在宿舍要禁止使用"热得快"、伪劣插座、劣质充电器、无 3C 认证产品、大功率电器等。在外出之前要确认所有电源均已关闭。

据《生活时报》报道,2013 年 12 月 18 日北京的黎女士在家洗澡时被电击身亡。据介绍,造成事故的原因有两个:第一,没有按说明书定期维护热水器的漏电保护器,黎女士在洗澡时漏电保护器失去了保护的作用。第二,黎女士家中的电源插座质量不合格。

因为人在洗澡时全身是水,一旦发生漏电将很难逃脱。因此,只要有 1% 的环境隐患,可能带来 100% 的安全威胁。为安全起见,不能使用未经专业认证的电器产品,要对家里的电器进行定期检查,及时更换老化的线路和零件,防止漏电。

二、安全建议

（1）使用电器设备前要仔细阅读说明书，掌握正确的操作方法，严格遵守使用规定，注意使用安全。

（2）操作电器时手要保持干燥，擦拭电器时应先切断电源。

（3）如家电发生冒火花、冒烟、有焦味、起火时，应立即切断电源。

（4）遇到停电或外出时要确认所有电源均已关闭。

（5）使用正规厂家生产的多相插座，并注意多相插座的使用负载。

（6）不要在宿舍超负荷用电或私接电线，不要将未关闭的笔记本电脑放在被窝里。

（7）不要在宿舍使用"热得快"、伪劣插座、劣质充电器等产品。

（8）远离高压线、变压器和有"小心触电"标志的地方。

（9）不要使用导电的物体去钩取悬挂在高压线上的东西，不要在高压线附近放风筝或垂钓。

（10）不要攀爬电线杆、电网铁塔等电力设施。

（11）不要在电线上晾晒衣服、挂东西，以防发生事故。

（12）雷雨天不要靠近高压电杆、铁塔、避雷针的接地线和接地体周围，以防触电。

（13）发现电线断落地上，不可直接用手碰触，应设法警示，不让人、车靠近；特别是高压导线断落地上时，应距离 10m 以外，由供电部门或专业人员处理。

 小贴士

用电安全口诀

安全用电要牢记，普及漏电保护器；
电力法规常学习，安全用电永牢记；
线下栽树与盖房，按规清障没商量；
乱拉乱接违规程，引起火灾真伤神；
移动电器莫带电，带电搬移有危险；
电热器具须防火，忘关电源事故多；
万一电器着了火，不能带电把水泼；
各种手段偷窃电，轻则罚款重法办；
用电设备要接地，安全用电莫大意；
湿手不要摸电器，谨防触电要牢记；
擦拭灯头及开关，关断电源习安全。

三、应对措施

（1）发现有人触电时，应立即切断电源。同时用竹竿、木棍、塑料制品、橡胶制品、皮制品等绝缘物挑开触电者身上的带电物品，并立即拨打 120 或 999 求助。

（2）对于高压电源，一般绝缘物品不能保证施救者的安全，因此不要尝试自行救援，应立即电话通知有关部门拉闸停电，并拨打 120 或 999 求助。

（3）如果触电者神志清醒，只是有些心慌、四肢发麻、全身无力，但未失去知觉，可让触电者静卧休息，并严密观察，同时拨打急救电话。

（4）如果触电者已丧失意识，应就地抢救。解开紧身衣服，以确保伤者呼吸道通畅，及时清理口腔中的黏液。

（5）如果触电者呼吸停止，应采用口对口人工呼吸法进行抢救。如果触电者心脏停止跳动，应进行人工胸外心脏按压法进行抢救。

（6）如果触电者身上有被电烧伤的伤口，应包扎后及时到医院就诊。电烧伤会损伤皮下深层组织，不要凭表面情况判断烧伤的严重程度。

（7）在抢救过程中，不要随意挪动伤员。在医务人员到来前绝不能放弃抢救。

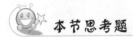 **本节思考题**

（1）触电对人的伤害主要有哪些？

（2）如果你看到有人触电，应该如何救助？

3.4 燃气安全

燃气是气体燃料的总称，它能燃烧而放出热量，供居民和工业企业使用。燃气的种类很多，主要有天然气、人工燃气、液化石油气和沼气、煤制气。在家庭中，以使用天然气为主。燃气的使用越来越普及，人们在享受清洁能源的同时，要学会安全使用燃气。在燃气的使用中主要是燃气泄漏引起的安全问题比较多。燃气泄漏是由意外导致燃气从管道、钢瓶中意外泄漏在空气中。据《2014年12月份燃气安全事故统计分析报告》，液化气泄漏事故危害严重，轻则引起人体不适，重则引起爆炸，建筑倒塌，造成大量人员伤亡。因此，在日常生活中，一定要做好燃气的安全使用工作，经常检查燃气通路，预防燃气泄漏造成意外伤害事故。

一、案例警示

 **案例回放**

2015年5月28日早晨，保定市顺平县一村民不知道厨房内液化气发生泄漏，嘴上叼着一支烟进入厨房做早饭，突然间发生爆炸，爆炸使他和妻子严重烧伤。

 **案例解析**

该村民安全意识淡薄，抽着烟就进厨房做饭，结果导致悲剧的发生。在日常生活中，有相当大一部分人，不了解燃气的安全知识。燃气具有易燃、易爆特点，用之不慎，就会引

发意外事故。因此,必须注意了解燃气的安全知识。在家中,如发现液化气泄漏,应禁止一切明火,避免人员伤亡和财产损失。

燃气爆炸

2014 年 3 月 2 日,小丽在家做饭,做完饭后,燃气炉的开关怎么也关不上,情急之下小丽直接将燃气的阀门关掉,突然之间听到"嘣"的一声,燃气发生了爆炸,导致小丽被严重烧伤。

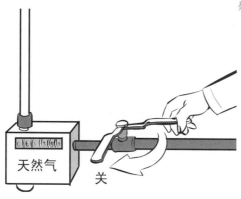

关闭燃气阀门

由于小丽对燃气安全知识的不了解,导致了惨剧的发生。在遇到燃气炉无法关闭时,要用湿抹布铺在着火位置,等火彻底熄灭后,关闭阀门,切记火熄灭前不要关闭阀门,着火时直接关闭阀门可能导致回流,引起爆炸。

二、安全建议

(1) 使用燃气器具前,必须熟读产品说明书,并熟练掌握操作程序。

(2) 不要玩弄燃气管道上的阀门或燃气设施开关,以免损坏灶具或忘记关闭阀门。

(3) 经常用肥皂水、洗涤灵或洗洁精等检查室内天然气设备接头、开关、软管等部位,看有无漏气,切忌用明火检漏。

(4) 房屋装修时请勿将燃气管道、阀门等埋藏在墙体内,或密封在橱柜内,以免燃气泄漏无法及时散发。

(5) 晚上睡觉前、长时间外出或长时间不使用燃气时,请检查灶具阀门是否关闭,并关好燃气总阀门。

(6) 不要在燃气管道上拴宠物、拉绳、搭电线或悬挂物品,这些做法容易造成燃气管道的接口处在力的作用下发生松动,致使燃气泄漏。

（7）灶具等燃气设施出现故障后,不要自行拆卸,应及时联系燃气公司,由燃气公司派专门人员进行修理。

（8）不要自行变更燃气管道走向或私接燃气设施,如需变动请及时与当地燃气公司联系,由燃气公司专业人员进行接改。

（9）不要在安装燃气管道及燃气设施的室内存放易燃及易爆物品。

（10）在家里配备小型灭火器或少量干粉灭火剂,以防燃气事故的发生。

 小贴士

燃气使用安全口诀

一要提高警惕,不要麻痹大意;

二要树立观念,不要安全心淡;

三要常查隐患,不要疏于防范;

四要配好器材,不要随意乱来;

五要人走阀关,不要留下火患;

六要用好炉具,不要忘记关气;

七要管好孩童,不要引发火情;

八要掐灭烟蒂,不要随意丢弃;

九要及时排险,不要延误时间;

十要预防在先,不要悲剧重演!

三、应对措施

如果在家中闻到有刺鼻的味道或者觉得头晕头痛,怀疑是燃气泄漏时,首先要关掉天然气的总阀门,然后迅速打开门窗通风,切勿开灯、拨打电话、按门铃、穿脱毛衣等,静电和火花都可能引燃燃气。迅速离开房间,到室外拨打救援电话,如有人员中毒,要及时拨打急救电话,如没有呼吸心跳,要立刻进行心肺复苏。

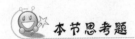 **本节思考题**

（1）发现燃气器具老化或零件损坏时应该怎么办?

（2）遇到燃气泄漏应该如何处理?

3.5　家庭火灾

火给人类带来光明和温暖的同时,也会引发一些危及人们生命财产安全的伤害事故。如果防范得当,不仅可以避免不必要的损失,还可以减少人员伤亡。据调查,在北京市发生的全部火灾中,居民住宅火灾占了41%,其中八成源于生活用火不慎和电气火灾。俗话说水火无情,火灾每年都给人们带来许多痛苦和损失,但只要我们平时遵守各类安全用火规定,积极参加消防模拟训练,掌握常规消防器具的使用方法,购买和使用合格的电器设备,到了陌生场所多留意安全通道的位置,发现火情时沉着冷静,准确判断,找对逃生路径,切莫贪恋财物,就能最大限度地减少损失和降低伤害事故的发生。

一、案例警示

 **案例回放**

2014 年 4 月,某市一宾馆因一位住客酒后卧床吸烟引起火灾,火灾致使数百人死亡。其中大多数是因浓烟窒息或跳楼身亡。而幸存者是在入住时留意了安全通道位置的房客。

卧床吸烟引起火灾

 案例解析

由于房客的安全意识淡薄,在床上吸烟,导致了严重的火灾,造成人员伤亡。在超市、商场、剧院、球场、宾馆等人员密集场所时,应留心观察安全门或紧急出口的位置以及火灾逃生通道图,不要乘坐电梯逃生。

 **案例回放**

2013 年 8 月 30 日上午 10 点左右,深圳某小区一住户报警称有业主家阳台冒烟,经查,起火原因为住户阳台上洗衣机电源线路老化,因长时间使用,线路过热引起火情,并引燃阳台上另一台废旧洗衣机,阳台下水管被烧坏一截,还好没有造成人员伤亡。

线路过热引起火情

 案例解析

　　该住户由于家用电器的线路老化,导致火灾发生,造成了财产损失。在遇到因电失火的情况下,应立即切断电源,然后用二氧化碳、干粉等灭火器扑救,或用棉被捂盖起火点。如果用水和泡沫扑救,一定要在断电情况下进行,防止因水导电造成触电。

二、安全建议

　　(1) 不躺在床上吸烟,不乱扔烟头,不乱接电源,不在宿舍内使用酒精炉、蜡烛等明火,不在室内燃烧杂物。

　　(2) 不要将使用中的台灯靠近枕头、被褥和蚊帐。

　　(3) 随手关闭宿舍、教室、实验室等场所不使用的电器。

　　(4) 积极参加学校组织的消防知识讲座和消防演习,平时多留意社区内的消防宣传画,了解消防知识。

　　(5) 熟知宿舍楼内消防设备的位置及使用方法,熟知安全通道的位置。

　　(6) 熟悉自己所居住楼房内的安全通道,计划好火灾时的逃生路线。

　　(7) 在超市、商场、剧院、球场、宾馆等人员密集场所时,应留心观察安全门或紧急出口的位置以及火灾逃生通道图。

　　(8) 不围观火场,避免妨碍救援工作,或因爆炸等原因受到意外伤害。

　　(9) 不在林区吸烟、烧烤、点燃篝火、上坟烧纸、燃放鞭炮等。

　　(10) 不要携带易燃易爆物品进入公共场所、乘坐公共交通工具。

　　(11) 夜间发生火灾时,应先叫醒熟睡的人,不要只顾自己逃生,并且尽量大声喊叫,以提醒其他人逃生。

小贴士

预防火灾口诀

火灾起,不要慌,拨打电话找消防。

屋内火,不要怕,关掉水电煤气阀。

弄湿毛巾捂住鼻,沾湿被褥身上披。

不要盲目往外跑,弯腰前行效果好。

楼道火,不着急,千万不要乘电梯。

家里常备灭火器,火灾再也不能起。

手电虽小用处大,夜里起火不用怕。

家里常备安全绳,人身安全有保证。

火警电话119,家里起火好求救。

说清火势与时间,起火原因与地点。

只要以上都做到,自身危险几率小。

三、应对措施

（1）室内发生火灾时,要迅速切断火源,再扑灭明火,如果火势发展到不能扑灭的程度,应迅速关闭房门,使火焰、浓烟控制在一定的空间内。向与火源相反方向逃生。切勿使用升降设备(电梯)逃生,不要返入屋内取回贵重物品。大火封门无法逃生时,可用浸湿的被褥、衣物等堵塞门缝、泼水降温。被困在高层房间内时,应尽量在阳台、窗口等易被发现的地方等待,并采取高声呼救、敲打桶或盆,挥舞颜色鲜艳的物品等办法引起救援人员的注意。自己身上着火时,不可乱跑或用手拍打,应赶紧脱掉燃烧的衣服或就地打滚,压灭火苗。

（2）要冲进火场救人时,应先用湿棉被铺盖身体,用湿毛巾掩住口鼻,再进入火场。救人期间要注意量力而行,同时防止被倒塌的建筑或家具砸伤。切忌用灭火器直接朝向着火的人身上喷射,大部分消防剂会引起伤者伤口感染。

（3）发生火灾时,应立即拨打119求助,并向消防部门准确地提供火灾的详细地址、火势大小、燃烧物种类、有无人员伤亡、现场有无危险品等信息,这将直接影响到消防队的出警规模、救援车种类和采取的救援措施。拨打求救电话后,应本人或让其他人到相应的路口引导消防车或救护车。

（4）灭火时,应根据不同的火灾类型选择不同的灭火剂。

① 扑可燃固体物质火灾时,应选用水、泡沫、磷酸铵盐干粉灭火剂。

② 扑液体火灾和熔化的固体物质火灾时,应选用干粉、泡沫灭火剂。扑救极性溶剂B类火灾不得选用化学泡沫灭火剂和抗溶性泡沫灭火剂。

③ 扑可燃气体火灾时,应选用干粉或二氧化碳灭火剂。

④ 扑可燃金属火灾时,用7150灭火剂或沙、土等。

（5）灭火器使用方法。

① 二氧化碳灭火器:先拔出保险栓,再压下压把(或旋动阀门),将喷口对准火焰根

部灭火。使用时要避免皮肤接触喷筒和喷射胶管,以防冻伤。

② 干粉灭火器:使用方法与二氧化碳灭火器相同。使用前应先把灭火器上下颠倒几次,松动筒内的干粉,然后将灭火喷嘴对准燃烧最猛烈处,尽量使灭火剂均匀地喷洒在燃烧物表面。干粉灭火器降温效果一般,灭火后要注意防止复燃。

③ 泡沫灭火器:使用前一手捂住喷嘴,一手执筒底边缘,将灭火器颠倒过来,上下晃动几下,然后保持倒置状态向燃烧区域放开喷嘴。灭火后应将灭火器卧放在地上,并将喷嘴向下。这种灭火器不能用来扑灭带电设备火灾或气体火灾。

 本节思考题

(1) 室内发生火灾时,应该如何逃生?

(2) 发生火灾时,如何选择灭火器?

单元

社会安全

随着社会飞速发展，人们的生活水平日益改善，但随之而来的安全问题日趋复杂，敲诈勒索、偷盗抢劫、暴力事件等频频发生，给人们生命和财产安全造成了威胁。社会整体安全程度取决于一个国家的社会发展程度，另外，经济发展速度、社会公平程度、政治体制、历史文化等原因都有可能对社会安全程度产生一定的影响。社会安全是中学生公共安全教育指导纲要中指出的公共安全教育六个模块之一。由于青少年学生社会经验不足，容易成为受害对象，因此，需要了解并掌握安全风险及防范的措施，避免遭受社会上不安全事件的危害。

4.1 敲诈勒索

敲诈勒索是一种犯罪行为，是指以非法占有为目的，对被害人使用威胁或要挟的方法，强行索要公私财物。敲诈勒索主要方式有口头敲诈勒索、电话敲诈勒索、书面敲诈勒索、书信敲诈勒索等。《中华人民共和国刑法》第二百七十四条规定：敲诈勒索公私财物，数额较大或者多次敲诈勒索的，处三年以下有期徒刑、拘役或者管制，并处或者单处罚金；数额巨大或者有其他严重情节的，处三年以上十年以下有期徒刑；数额特别巨大或者有其他特别严重情节的，处十年以上有期徒刑，并处罚金。我们平时要提高预防各种侵害的警惕性，树立自我保护意识，掌握一定的安全防范方法，使自己在遇到异常情况时能够沉着镇静、机智勇敢地保护好自己。

一、案例警示

案例回放

2003年7月2日在江苏省某市做生意的李某到某晚报杂志社投诉说，自己先后于同年5月和6月在超市购买某品牌的冰红茶，里面都有苍蝇。李某说第一次发现后立即就

向生产厂家投诉,该公司总部派人来处理,向李某赔偿 1000 元现金。第二次发现苍蝇后,

李某再次同该公司联系,厂家不但拒绝赔偿,反而说上次的事情还没完,并说要追回"赔偿"的 1000 元钱。李某将后一次买的瓶子里有苍蝇的冰红茶拿给报社的编辑们看,并气愤地在报社一再强调:"我不要赔偿,我就要你们把它曝光。"其后,该市公安局的技术人员对李某所购买的冰红茶的瓶盖痕迹进行了科学检验,认定李某在瓶盖上造假。同年 7 月 11 日,李某承认了自己在瓶里放苍蝇的事实。李某因涉嫌敲诈勒索罪被警方刑事拘留。

以媒体曝光敲诈勒索

案例解析

李某采用弄虚作假、欺诈的方式,人为地制造事端,且以在瓶内再次发现苍蝇为由,要挟厂家要向媒体曝光此事件,李某的行为对生产厂家构成了敲诈勒索罪,最后酿成恶果。

案例回放

中学生小宁步行去上学,离开家刚走出不远,就从小巷拐角处窜出一个男青年,他故意用身体撞了小宁一下,却向小宁嚷道:"你没长眼睛啊?走路不看着点。"小宁连说不是故意的,正要转身走,前面路口忽然又跑出一个人,说:"撞了人就得赔钱。"并拿出刀子指向小宁,两人拿走了小宁身上的钱和手机一部,并威胁小宁不能报警,在长达一年多的时间,小宁被敲诈勒索 10 余次,最后小宁忍无可忍,愤而报警,这两名不法分子落网。

以人身安全敲诈勒索

案例解析

小宁遇到敲诈勒索后,因害怕选择了隐瞒,但是隐瞒的后果是让不法分子更嚣张,多次向小宁索要财物,给小宁造成了严重的心理负担,影响了学习和生活。不法分子的贪欲是难以满足的,一味地退缩只会助长不法分子的气焰,不能从根本上解决问题,小宁后来的报警,是正确的选择,只有将他们绳之以法,才能摆脱困扰。

二、安全建议

（1）不要特立独行，与周围同学和朋友搞好关系。

（2）不要轻易与社会上的闲散人员交往。

（3）不要炫富，衣着普通，生活用品不求奢华。

（4）不要轻易对别人说出自己的家庭背景。

（5）出门之前要跟家人打招呼，让家人了解自己的去向。

（6）独身一人时尽量不去偏远、僻静的场所。

（7）遇到可疑的陌生人时，要及时躲避，往人多的地方走，或给家人拨打电话。

（8）多做模拟情景的演练，谨记报警电话。

 小贴士

敲诈勒索安全口诀

路遇坏人莫逞强，保护自己最重要。

如被盯上不要怕，要往人多地方跑。

财物被抢别硬拼，记下坏人把案报。

如果坏人下毒手，随机应变想高招。

路遇碰瓷不要慌，警察处理不私了。

三、应对措施

如遇敲诈勒索，以保证自身安全为主，保持冷静，稳住对方，避免正面冲突，设法与歹徒周旋和拖延时间，使自己能够看清楚对方的相貌特征和周围的环境情况，以便自己能从容不迫地寻找脱离险境的有利时机。如果附近有人，可以边大声呼救，边向人多的地方跑。脱身后要及时报案，使不法分子受到应有的惩处，以免遭连续侵害，并能及时地、最大限度地挽回经济损失。如遇"碰瓷"事件，不要私下处理，一定要向公安机关报警，让警方来处理。

 本节思考题

（1）《中华人民共和国刑法》对敲诈勒索做出了哪些规定？

（2）遇到敲诈勒索，你会怎样处理？

4.2　抢　　劫

抢劫是以非法占有为目的，对财物的所有人、保管人当场使用暴力、胁迫或其他方法，强行将公私财物抢走的行为。《中华人民共和国刑法》第二百六十三条规定："以暴力、胁迫或者其他方法抢劫公私财物的，处三年以上十年以下有期徒刑，并处罚金；有下列情形之一的,处十年以上有期徒刑、无期徒刑或者死刑,并处罚金或者没收财产:①入户抢劫的;②在公共交通工具上抢劫的;③抢劫银行或者其他金融机构的;④多次抢劫或者抢劫数额巨大的;⑤抢劫致人重伤、死亡的;⑥冒充军警人员抢劫的;⑦持枪抢劫的;⑧抢劫军用物资或者抢险、救灾、救济物资的。"

一、案例警示

 **案例回放**

抢劫

2011年9月17日下午6时许,杨方振乘坐魏某驾驶的夏利出租车,从黄骅港至黄骅市区,当晚在返回黄骅港的途中起意抢劫该出租车。当出租车行驶至石黄高速黄骅收费站西侧齐庄路口附近时,杨方振持刀朝魏某头、颈、胸等部位捅刺20余刀,致其颈总动脉断裂大出血死亡,后杨将魏某的尸体抛弃在路边的水沟内。

案例解析

杨方振为满足个人私欲,以非法占有为目的,采用暴力的方法抢劫别人财物,其行为已构成抢劫罪。君子爱财,取之有道,靠自己劳动赚来的钱财心安理得,靠抢劫得来的钱财心神不宁,因一时的贪念铸成大错,终究难逃法律的制裁。

 **案例回放**

2016年1月6日傍晚,中学生小斌(化名)放学后和爷爷一起回家。途经革命公园时,走在前面的小斌突然被3名陌生男子拦住索要财物,这时,小斌爷爷跟了上来,3名男子慌忙跑掉。小斌很害怕,让爸爸第二天接自己回家。7日傍晚,小斌和爸爸刘先生走进革命公园时,又有3名男子看到小斌就跑了过来。刘先生意识到这3名男子很可能就是6日企图抢劫小斌的人,立即上前控制住其中一人,并扭送至公安局新城分局西五路派出所。

案例解析

遭遇抢劫时不要存在侥幸心理,抢劫未遂的不法分子很可能再起歹心,连续作案。小斌遇到抢劫处理得很好,及时告诉家长,第二天小斌爸爸成功抓住嫌疑人。学生放学后要与家长或者同学一起结伴而行回家,不要走偏僻无人的小路,不要在偏僻的地方或陌生的场所逗留。

二、安全建议

（1）回家上楼梯、开门时，注意观察是否有可疑、陌生人尾随。

（2）独自一人在家时要反锁房门，在门上安装"猫眼"，遇有陌生人敲门，应问明身份情况再决定是否开门。

（3）家中现金存放不宜过多，首饰、存折、有价证券等贵重物品，应放在不易被发现的地方。

（4）不当众数钱财，若携带大量现金或贵重物品，应找一两个人结伴同行，尽量别靠路边走。

（5）若经常走夜路，要准备好防袭击警报器、哨子、防狼喷雾等。

（6）觉得周围有可疑人员，可立即站在原地，背靠掩护物，或到附近商店、单位内暂避。

（7）在路口停车或在路边停靠时，将所有车门锁死。

（8）行驶到偏僻地段遇陌生人拦车，最好别停车；车在途中抛锚且处在人烟稀少或复杂地段，要及时联系最近的修理厂或打110求助。

（9）存取款时，要留意身边是否有可疑人员。输入密码时，挡住其他人视线。在柜面上清点现金，并尽量不让旁边的人看到。

（10）取款后避免在僻静的道路行走。开车存取款的也要提高防范意识，一旦汽车轮胎被扎，应做到钱物不离身。

（11）提取大额现款时，最好能两人以上结伴并驾车而行。

（12）走路不要离马路太近，更不要走车行道；拎包要放在胸前，背包最好靠右侧斜背。

（13）对于悄悄驶近的摩托车、三轮车等要特别注意防范；若发现可疑情况，可停在人较多的道边让可疑车辆先行。

（14）若夜间独自外出，不要将包不加固定地放在自行车筐里，可把包带绕在自行车车把上，不要让包离开自己的视线。

小贴士

抢劫安全口诀

防范两抢要注意，财产一定要保密；
银行提款防盯梢，路上行走防偏僻；
夜晚单身结伴行，睡觉门窗要关闭；
遭遇抢劫不要慌，保护生命是第一；
寻找机会快逃脱，边跑边喊寻生机；
条件有利要反抗，瞄准机会致命击；
记住车牌人特征，及时报警有勇气。

三、应对措施

发现有人尾随或窥视,不要紧张,不要露出胆怯神态,立刻改变原定路线,朝有人的地方走,并拨打家人、亲戚或朋友的电话求助。

当抢劫案件发生时,应保持镇定,及时做出反应。抢劫犯作案后急于逃跑,利用这种心理,应大声呼叫,并追赶作案人,迫使作案人放弃所抢的财物。若无能力制服作案人,可保持距离紧追不舍并大声呼救,引来援助者。如追赶不及,应看清作案人的逃跑方向和衣着、发型、动作等特征,及时就近到人多的地方请求帮助,并及时拨打 110 向公安机关报案。

遭遇入室抢劫,应尽量与犯罪嫌疑人周旋,找时机脱身;尽量记住犯罪嫌疑人人数、体貌特征、所持何种凶器等情况,待安全后,尽快报警。

 **本节思考题**

(1) 如何预防抢劫事件?

(2) 遇到有人尾随该怎么办?

(3) 遇到入室抢劫应该怎么处理?

4.3 暴力事件

暴力事件是指通过武力侵害他人人身、财产安全的行为。当今世界仍不太平,一些种族间、民族间、不同信仰团体间仍存在较大的矛盾,暴力事件一触即发,时常危及平民百姓,给社会秩序带来了极坏的影响,一些性质恶劣的案件,作案手段之残忍,令人触目惊心,不仅造成财产损失,而且对人的身体、心理造成较大的影响,甚至危害生命安全。

一、案例警示

 **案例回放**

2014 年 5 月 25 日,北京市朝阳区崔各庄乡奶西村"三光背男子殴打一少年"的视频在网上流传,视频长达 8 分 40 秒,视频中 3 名光背男子持续殴打一名少年,引起社会广泛关注。通过警方连夜工作,5 月 26 日凌晨,公安机关在河北燕郊将犯罪嫌疑人杨某、程某控制,并采取刑事拘留强制措施。其他两名参与人员也相继到案。2014 年 7 月 5 日,北京市朝阳区人民检察院对杨某以涉嫌寻衅滋事罪批准逮捕,对未达寻衅滋事罪刑事责任年龄的常某、郭某收容教养。

案例解析

犯罪嫌疑人在北京市朝阳区崔各庄乡奶西村内,无事生非,对被害人持凶器进行殴打,造成被害人受轻微伤,涉嫌寻衅滋事罪,最后酿成恶果。现在的父母对孩子的惩戒教育、一些暴力游戏、电影对青少年的影响很大,很多孩子选择使用暴力的手段来解决问题,最终害了自己。

二、安全建议

（1）青少年学生不去或少去人员集中的场所。人员集中场所发生的暴力事件伤害性最大,犯罪分子往往比较专业,伤害手法比较残忍。

（2）面对突发事件,不要围观。

（3）见义勇为要量力而行,但不能视而不见。

（4）切勿激怒暴力事件实施者。

（5）不轻信、不转载关于暴力的谣言,经历暴力事件后,禁忌传播,以免给自己带来更大的麻烦及伤害。

小贴士

预防暴力口诀

遇到暴力别惊慌,第一时间要报警。

暴力事件进行中,遮掩自己并卧倒。

专业人员来制止,处理危害把人帮。

三、应对措施

发现可疑爆炸物时不要触动,不要大声叫嚷,迅速、有序地撤离,不要互相拥挤,并及时报警。

当预知或遇到公共场所有突发暴力事件时,应在第一时间报警,请专业人员来制止、处理危害公共安全事件的发生。

如果正处在公共场所暴力事件当中无法逃脱时,心里不要产生惧怕感,尽量稳定情绪,找大型器物遮掩自己并卧倒。观察现场情况,为配合警察、救己、救他人做好准备。一旦现场被控制或时机成熟,迅速撤走、远离现场。

本节思考题

（1）如果发现可疑的爆炸物,应该怎样处理？

（2）如果遇到暴力事件,应该怎样做？

（3）举例说明你对暴力事件的看法。

4.4　性骚扰与性侵害

性骚扰是一方通过言语的或形体的有关性内容的侵犯或暗示,从而给另一方面造成心理上的反感、压抑和恐慌。性侵害主要是指在性方面造成的对受害人的伤害。性骚扰和性侵害是危害学生身心健康的问题之一。由于两性的社会地位和角色不同,相对而言,性骚扰和性侵害的受害对象以女性为主。因此,女学生了解一些性骚扰和性侵害的基本知识、掌握一些基本应对方法是很有必要的。

一、案例警示

 案例回放

2011年上半年至2012年6月,被告人李吉顺在甘肃省武山县某村小学任教期间,利用在校学生年幼无知、胆小害羞的弱点,先后将被害人骗至宿舍、教室、村外树林等处奸淫、猥亵。李吉顺还多次对同一名被害人或同时对多名被害人实施了奸淫、猥亵。被害人均系4~11周岁的幼女。

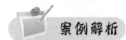 案例解析

本案被告人李吉顺作为人民教师,对案件中的被害人负有教育、保护的职责,但其却利用教师身份,多次强奸、猥亵多名幼女,其犯罪行为更为隐蔽,致使被害人更加难以抗拒和揭露其犯罪行为。本案被害人均为就读于小学或学前班的学生,李吉顺利用被害人年幼、无知、胆小的弱点,采取哄骗的手段在校园内外实施犯罪,严重摧残幼女的身心健康,社会影响极为恶劣。《中华人民共和国刑法》第二百三十六条规定:"以暴力、胁迫或者其他手段强奸妇女的,处三年以上十年以下有期徒刑。奸淫不满十四周岁的幼女的,以强奸论,从重处罚。强奸妇女、奸淫幼女,有下列情形之一的,处十年以上有期徒刑、无期徒刑或者死刑。"

骚扰侵害女学生

案例回放

佩佩是湖南某职业技术学院大一学生,2012年5月5日晚9点多,她与同校同学王某以及其他三名同学(两男一女)一起外出吃夜宵,并喝醉酒。当晚近11点,在两名男同学的协助下,佩佩被王某带至学校附近某酒店。随后,在该酒店402号房间内,王某对佩佩实施了性侵。第二天早上6点多,王某叫不醒佩佩,便叫来一起喝酒的几名同学,拨打了120。急救人员到达后,发现佩佩已死去多时。

案例解析

佩佩夜晚与同学一起吃饭,并喝醉,结果导致悲剧的发生。作为学生,公共场合喝酒要有节制,尤其不能喝醉酒,而作为女学生,更应该洁身自爱,任何场合都应该保持头脑清醒,如果遭遇对方动手动脚时,要明确地予以拒绝。

喝酒要有节制

二、安全建议

(1) 女学生避免穿暴露的服装外出;避免独自走夜路,尤其应避免走僻静的小路;夜间外出如果要经过偏僻处时,最好请家人或同学陪同。

(2) 不轻易与陌生人接近或交谈;避免与刚认识的男子独处或饮用由其提供的饮料。

(3) 不单独一人进入僻静的教室或其他场所。如果独自在宿舍时,要关好门窗,不要让陌生人进入。

(4) 夜间不与陌生人一起乘坐出租车;不搭陌生人的便车。外出时,随时与家人或好友联系,让他们知道自己的位置。

(5) 强身健体,学习简单的女子防身术,独自一人外出时应携带防身用品。

(6) 对于那些失去理智、纠缠不清的无赖或违法犯罪分子,千万不要惧怕他们的要挟和讹诈,也不要怕他们打击报复。要大胆揭发其阴谋或罪行,及时向老师报告,学会运用法律武器保护自己。千万注意不能"私了","私了"的结果常会使犯罪分子得寸进尺、没完没了。

 小贴士

性骚扰与性侵害安全口诀

五月六月七八月,炎炎夏日衣裙少。

观念预防记心头,性侵财侵不得了。

小恩小惠莫随受,天上馅饼不会掉。

不在偏僻道路走,陌生人随赶紧跑。

交友慎重更自重,隐私部位保护好。

预防性侵最重要,身体健康是个宝!

三、应对措施

遇到性侵害时要保持冷静,随机应变,尝试与对方交谈,尽量拖延时间,乘其不备迅速逃离,并大喊救命。如果已经被犯罪分子纠缠,要把握时机、出奇制胜,狠、准、快地击打其要害部位,即使不能制服对方,也可制造逃离险境的机会。同时,设法在案犯身上留下印记或痕迹,以备追查、辨认案犯时作为证据。牢记罪犯的特征,及时报警,千万不能因为顾及面子而隐匿不报。

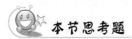 **本节思考题**

(1) 遇到性骚扰和性侵害时应该怎么摆脱?

(2) 如何预防性骚扰和性侵害?

4.5　宗教信仰安全

宗教信仰是指信奉某种特定宗教的人群对其所信仰的神圣对象(包括特定的教理教义等),由崇拜认同而产生的坚定不移的信念及全身心的皈依。这种思想信念和全身心的皈依,表现和贯穿于特定的宗教仪式和宗教活动中,并用来指导和规范自己在世俗社会中的行为,属于一种特殊的社会意识形态和文化现象。但有些不法分子冒用宗教、气功或者其他名义,神化首要分子,利用制造、散布迷信邪说等手段迷惑、蒙骗他人,发展、控制成员,建立危害社会的非法组织,成为国际公害。当今世界上有邪教组织近万个,他们制造了一系列骇人听闻的事件。

一、案例警示

 案例回放

2014 年 5 月 28 日,山东招远,6 名"全能神"成员在麦当劳餐厅向正在就餐的吴某索

要电话号码,遭拒绝后,将其残忍殴打致死。案发后,招远市公安局出警民警快速反应,4分钟内到达案发现场,将张某等六人抓获到案。

张某等六人严重受到邪教的影响,歪曲事实,虚构角色,自以为是,被捕后,对殴打吴某致死的犯罪行为供认不讳,经最高人民法院核准,山东省烟台市中级人民法院依法对犯故意杀人罪、利用邪教组织破坏法律实施罪的罪犯张帆、张立冬执行死刑。

南美的"人民圣殿教"大肆宣扬世界末日来临,人人难逃核战大劫,1978年11月18日,914名教徒被骗服毒死亡,其中有276名儿童。日本的"奥姆真理教",1995年在东京地铁施放毒气,造成无辜乘客死伤5000多人。

邪教对人的残害是巨大的,上述两起案例中,受害人数巨大,让人触目惊心。邪教往往抓住人们的心理,迎合人们的需求,用美丽诱人的言辞骗人入教,得手后就恶毒地用歪理邪说麻醉人们,慢慢地毒蚀人们的心灵,最后使信徒被精神控制而走上绝路。信徒们之所以会被精神控制,是因为他们入教后,长期被封闭在邪教的生活圈子里,与外界隔绝,久而久之,他们的视野就会变得狭窄,意识就会变得模糊,感觉敏锐力下降,甚至于失去对现实世界的正确理解和判断能力,最后导致践踏人权,残害生命。

二、安全建议

（1）邪教往往打着合法宗教的幌子骗人。防范和抵制邪教的关键是要增强防邪意识,掌握防范抵制邪教的方法。

（2）树立科学精神,大力加强科普知识的学习,自觉抵制迷信、伪科学和反科学的侵袭。

（3）健康生活,积极参加各种体育锻炼,培养良好的生活习惯。

（4）增强防邪意识,对邪教歪理邪说做到不听、不看、不信、不传,绿色上网,拒绝网上邪教宣传。

（5）智慧地抵制邪教。发现邪教违法犯罪行为后,要勇于揭露、举报、起诉。

（6）带动亲人朋友远离邪教。

邪教的危害

小贴士

邪教危害口诀

邪教邪教,胡说八道,编造邪说,给人设套,只要你祈祷,神来把你照。

邪教邪教,乱七八糟,有病不治,耽误治疗,敛财又骗色,害人真不少。

邪教邪教,旁门左道,蒙骗恐吓,拉人入教,一旦入邪教,全家都糟糕。

邪教邪教,趁早打掉,发现邪教,及时报告,科学是正道,守法最重要。

三、应对措施

遇到邪教非法活动,如电话骚扰、滥发传真、电子邮件、手机短信、散发邪教宣传品、网络宣传等非法宣传活动,要及时向老师报告,情节严重的,迅速拨打 110 报警。在网络聊天室看到有人在散布邪教言论时,及时告知网络管理员将其剔除。遇到有人拉你入邪教,不要隐瞒自己不信邪教的观点,因为态度暧昧会使他们对你纠缠不休。

本节思考题

(1) 邪教有哪些危害?

(2) 应对邪教有何安全建议?

(3) 如何预防邪教的危害?

4.6 公共设施安全

公共设施是指为大众提供的各种公共性、服务性设施,按照具体的项目特点可分为教育、医疗卫生、文化娱乐、体育、交通、社会福利与保障、行政管理与社区服务等。由于种种原因,因公共设施引发的安全事故频发,例如电梯伤人、井盖吞人、健身器材事故等,因此,我们除了要爱护公共设施以外,还要了解一些公共设施的安全隐患和应急处理办法,减少和避免意外伤害事故的发生。

一、案例警示

案例回放

2015 年 3 月 18 日上午 7 时多,家住南宁澳华花园小区的何女士正准备出门上班,突然接到母亲电话,说她从健身器材上摔下来受伤了。何女士赶紧与家人跑到小区中心花园,发现母亲痛苦地躺在地上,右脚踝处肿了一大块。经送医院检查,伤者被诊断为右脚踝骨折。事后,何女士了解到,"漫步机"的一个"脚"坏了,母亲刚踩上去就摔了。

案例解析

何女士的母亲在健身之前没有注意到这个"漫步机"已经损坏,结果刚踩上去就发生了安全事故。各社区和物业相关部门要在每个健身器材上标注安全提示,预防安全事故发生,如健身器材有损坏需停止使用。

案例回放

2015年7月26日上午,湖北荆州市安良百货公司手扶梯发生事故,据监控视频,一对母子乘坐上行手扶电梯,当母亲抱着孩子走上最后一块踏板的时候,原本已翘起的踏板突然下陷,母亲在遇险那一刻,奋力将幼小的儿子托举出去,旁人立即救下孩子,而她却被电梯卷走。

案例解析

百货公司工作人员发现电梯盖板有松动翘起现象,但未采取停梯检修等应急措施,导致当事人踏在已松动翘起的盖板末端发生翻转,坠入机房驱动站内防护挡板与梯级回转部分的间隙内,属安全生产责任事故。作为普通市民,我们则要提高自身防范意识,掌握基本的电梯乘坐安全知识。

二、安全建议

乘坐手扶电梯

(1)上电梯前,确定电梯运行方向,避免踏反。

(2)不要将头、手伸到扶手带以外的区域。

(3)不要随意玩弄扶手、梳齿板或梯级等有相对运动的部件。

(4)要照顾好随行的幼儿,大人应当陪同小孩乘梯。

(5)教育小孩不要在扶梯附近攀爬玩耍,不要在扶梯上打闹、逆行或坐卧在梯级上。

(6)进入扶梯时,不要踩在两个阶梯的交界处,以免因前后阶梯的高差而摔倒。

(7)乘坐扶梯时,紧握扶手,双脚稳站在梯级黄线内,不要靠在扶梯两边或倚在扶手上。

(8)当出现突发状况时,不要紧张,大声呼救,提醒他人马上按下紧急停止按钮。

(9)如不慎摔倒,应两手十指交叉相扣、护住后脑和颈部,两肘向前,护住双侧太阳穴。

(10)不要光脚或穿着松鞋带的鞋子乘坐扶梯。

(11)留意长裙或垂地的衣服,留意洞洞鞋等轻薄的鞋子,防止扶梯"咬"住裙子和鞋底。

乘坐直梯

（1）不要靠在电梯轿厢门、楼层门上，禁止撬门、撞门以免发生意外。

（2）切勿超载使用电梯，以免发生意外；电梯开门后，先出后进。

（3）不要乱按按钮，否则会降低电梯的运行效率。

（4）轿厢照明灯亮时才能乘梯，轿厢内严禁吸烟，以免引起火灾。

（5）乘客切勿在轿厢内上下、前后跳动，以免电梯安全装置误动作，引起电梯不正常运行。

（6）残疾人请使用专用电梯或有专人陪同乘梯，带小孩乘电梯要紧紧握住孩子的手；勿让幼童单独乘电梯。

（7）乘客可以按电梯内操作面板上的"关门按键"关闭电梯门；电梯门扇亦会定时、自动关闭，乘客切勿在楼层与轿厢接缝处逗留，以免被夹伤。

 小贴士

乘坐电梯安全口诀

乘电梯，看须知，讲秩序；门关闭，身莫挡，防伤己；

井道深，莫踹门，防坠底；遇困梯，莫扒门，呼应急；

乘扶梯，握扶手，靠右立；踏板边，有间隙，要注意；

扶手外，危险区，需远离；出入口，不停留，莫嬉戏；

不攀爬，不逆行，防万一；我遵章，你守纪，齐欢喜。

三、应对措施

如发生公共设施安全事故，根据发生的情况，及时拨打110、119、120或999。

如果被困在电梯里，可以按下警铃和求救电话求助，在电梯角落下蹲抱头（以防下坠），耐心等待救援，不可擅自采取撬门、扒门等错误的自救方法。

如果电梯出现故障下坠时，无论有几层，赶紧把每一层楼的按键都按下（切记要从底部往上按，以最快的速度全按亮，哪怕不亮也按）。如果电梯内有手把，请一只手紧握手把。整个背部跟头部紧贴电梯内墙，呈直线，膝盖呈弯曲姿势。因为你不会知道它何时着地，且坠落时很可能引发全身骨折。

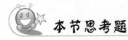 **本节思考题**

（1）乘坐电梯时有何安全建议？

（2）如果被困在电梯里应该怎么办？

单元 5

交通安全

随着社会交往的日趋频繁,交通出行已成为人们学习、生活、工作的重要组成部分,而且关系越来越密切。在城市生活中,交通状况日趋复杂,交通压力日益严重,交通风险也随之不断上升,因此,无论是步行、骑行、驾车,还是乘坐公共交通工具,都要注意安全。

近年来,我国的机动车数量不断攀升,超速、超员、超载、酒驾、闯红灯、怒驾、毒驾、不礼让行人等危险行为时有发生,交通事故已成为威胁人们生命安全的重要因素之一。据不完全统计,世界上每年因道路交通事故造成约 50 万人死亡,1000 多万人受伤。在我国,每年因车祸死亡 10 万人左右,有近八成交通事故是由于行人或非机动车违法造成的,真可谓"车祸猛于虎"。而避免交通事故最有效的方法就是遵守交通规则和遵守各类交通工具的使用规定。如果不幸被卷入交通事故,就需要采取有效的应对措施使自己尽快脱离危险,因此掌握各种交通工具的特性及相应的逃生方法非常重要。

5.1 步行安全

行人是交通事故中的弱势群体,极易受到各种交通工具的伤害。很多同学认为遵守交通规则只是机动车驾驶员的事,即便机动车与行人之间发生了交通事故,也是机动车驾驶员负主要责任。这种想法是不对的,也是很危险的。凡是交通的参与者,都应该自觉地遵守交通规则,尤其是处于弱势群体的行人,在遵守交通规则的同时要主动躲避机动车辆,以保护自己和他人的人身安全。另外,当使用旱冰鞋、滑板等工具时,一定不要在开放性的交通环境中滑行,以免控制不住或躲避不及,造成人身伤害。

一、案例警示

案例回放

2014 年 11 月,上海市一位四十岁左右的中年妇女在路口的斑马线上等待红绿灯时,被一辆转弯行驶的大货车撞倒并碾压，当场死亡。交警赶到现场后发现，因为那位女士所站位置与货车通行时距离较近，正处在了货车的内轮差区域，才被车尾撞倒。

案例解析

车辆在转弯的时候，由于前后轮行驶轨迹的不同，产生的差值区域叫内轮差。车辆在转弯过程中即使车头已绕过行人，由于内轮差的存在，车身也有可能碰撞到行人。上述案例就是因为驾驶人员忽视车辆内轮差的存在，才导致严重的事故。若该女士站在人行道基石上等红绿灯，也许悲剧就会避免。

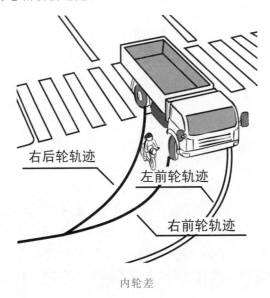

右后轮轨迹 左前轮轨迹 右前轮轨迹

内轮差

案例回放

2014 年 11 月 15 日，一位姓胡的男子驾驶着轻型货车在路上行驶，这时，发现路上出现一个男子正在横穿马路，胡某赶紧鸣笛以及采取制动措施，但由于该男子头戴耳机，没有听到鸣笛继续往前走，最终被货车撞飞 10 多米远，后因伤势过重，抢救无效而死亡。

案例解析

当公路上车况较好时，驾驶员经常会以道路限制的最高速度行驶，突然发现横穿马路的行人，很难立即将车停住。此案例中，死者没有及时发现路上的车辆，加上戴着耳机，没有听到司机发出鸣笛警告，没能在第一时间采取躲避措施，因此造成了严重的后果。行人在公路上行走时，切忌戴耳机，尤其在穿行马路时，一定要注意躲避机动车辆，切莫疏忽大意。

二、安全建议

（1）在等待过马路时，尽量站在人行步道上，当允许通行时，千万不要同转弯的车辆抢行，最好保持3米以上的距离。

（2）过马路时尽量走人行横道并按交通信号灯指示通过。当黄灯亮时，不准行人通过，已进入人行横道的行人需快速通过。

（3）过马路最好选择过街天桥或地下通道。

（4）通过路口时，要遵循"一慢、二看、三通过"的原则，确认安全后方可通过。

（5）行走时要专心，并随时留意周围情况，不要边走边看手机，也不要戴耳机过马路。

（6）不要在行车道上追逐、猛跑，或在车辆临近时突然猛拐横穿。

（7）不要扒车、强行拦车或实施妨碍道路交通安全的其他行为。

（8）不要在汽车尤其是大车附近停留或玩耍，以防车辆突然启动造成危险。

（9）在雾、雨、雪天气及夜间出行时，最好穿着颜色鲜艳或有荧光反射的衣服，以便机动车司机及早发现。

 小贴士

行路五不要

（1）不要图方便，走"捷径"，乱穿马路。

（2）不要在车前、车后急穿马路，在车行道内坐卧、停留、嬉闹。

（3）不要钻越、跨越、倚坐人行护栏或道路隔离设施，扒车、强行拦车。

（4）不要在道路上使用滑板、旱冰鞋等滑行工具。

（5）不要进入高架道路、高速公路以及其他禁止行人进入的道路。

三、应对措施

在遇到机动车突然撞来时，应立刻判断车辆的前行方向，迅速躲避。当行人与机动车发生事故后，首先要注意做好自我保护，避免其他车辆或其他原因造成更大伤害，同时记下肇事车辆的车牌号、车体特征（如品牌、车型、颜色、损坏位置等）等信息，并立即拨打122报警，等候交通警察前来处理。如果事故中有人受伤，要在保证自己安全的情况下，先控制现场，然后拨打120或999急救电话，同时尽可能对伤者进行必要的急救处理，注意先救命后治伤。

 **本节思考题**

（1）行人在通过没有交通信号灯的路口时，怎样做最安全？

（2）遇到机动车突然撞过来时，应采取怎样的应急避险措施？

（3）行人与机动车发生事故后，应该采用怎样的步骤进行处理？

5.2　骑行安全

　　自行车作为日常主要的交通工具之一,不仅方便快捷,更是满足了现代人对于绿色低碳出行的要求。无论是平时上学,还是节假日出游,越来越多的学生愿意将自行车作为代步工具。而在当下车多人多的骑行环境中,一旦在骑车时不注意安全规范,就极有可能导致危险和意外伤害的发生。另外,随着科技的发展,电动自行车以其方便、快捷、价格较低、实用性高等优势,越来越受到人们的青睐,其市场保有量与日俱增,在骑行电动自行车时,一定更要遵守交通法规,避免发生不必要的伤害。

一、案例警示

　　2015 年 7 月 14 日下午 4 时许,位于江苏省扬州市广陵区广陵中学路段发生一起自行车交通事故,由于三名中学生在步行道上逆向并排骑行,其中一名骑行者因避让步行道上的一名戴耳机的女子而干扰了另外一名骑行者,使其摔倒在机动车道上,不幸被后方正常行驶的摩托车撞伤,造成右手骨折。

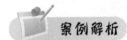

　　城市中的步行道比较窄,而且行人较多,在步行道上单人逆向骑行时,尚且存在撞到行人的隐患,更何况三人并排骑行。并排骑行时车把距离一般较小,其中一人突然调整方向的话,极易干扰相邻的骑行者,进而发生危险。

　　2016 年 1 月,在安徽泾县一名高中生骑着电动自行车在公路上行驶,他先是靠在道路右侧行驶,很快向左转弯,超越了左前方正常行驶的车后,继续向左转弯,越过道路中间的黄实线时,突然遇到左侧一辆轿车迎面驶来,轿车避让不及发生猛烈碰撞,造成该名学生身体受伤。

　　电动自行车属于非机动车,应该在非机动车道内行驶,案例中的高中生安全意识淡薄,在没有任何提示下违规变道,借用机动车道行驶,甚至强行通过黄实线,造成与左侧正常通行的车辆发生碰撞,导致事故发生。

二、安全建议

（1）出发前要对自行车进行安全检查。

刹车
前灯
夜间路况照明并
供对向车辆辨识

安全帽

铃铛
供骑车人主动警示

车尾反光装置
供后方来车辨识

车轮反光装置
供侧向车辆辨识

踏板反光装置
供前后来车辨识

自行车安全设备

（2）要在转弯前减速慢行，向后张望，伸手示意。

（3）骑行者若需要穿过没有信号灯的路口，需在到达路口前减速或停车，左右观察来往车辆和行人情况，确定安全后再通过路口。

（4）骑行者应尽量避免在人多的步行道上骑行，若不得已要从步行道上通过，一定要下车推行。

（5）骑"死飞"自行车上路前，一定要加装制动系统，同时，熟练掌握车辆制动技术。

（6）骑行时尽量避免撑伞，也不要在自行车上加装撑伞支架，同时也建议，雨天出行应尽量选择公交车、地铁等交通工具。

（7）两人及两人以上共同骑行时，应该呈一路纵队，同时保持安全间隔，禁止并排骑行；当要超越前方车辆时，应提前按车铃，提醒被超车辆继续按照原来路线骑行。

（8）骑行时，若要从机动车旁边绕行时，应先减速，尽量与车保持 1 米以上的距离，避免车内人开门下车而与车门相撞。

（9）在光线较差的路面或夜晚骑行时，一定要使用照明设备，以此提醒其他行人注意安全，避免相撞；若没有照明设备，一定要减速慢行或下车推行。

（10）骑电动自行车时一定要遵守交通法规，不能超速、超载，注意躲避机动车，避让行人。

（11）骑行时，若突遇情况需要紧急刹车，应同时使用前后刹车制动并控制身体重心不要过于前倾，避免突然刹车造成的翻车及侧滑。

 小贴士

骑车十不准

（1）不准闯红灯或推行、绕行闯越红灯。

（2）不准双手离把、攀附其他车辆或手中持物。

（3）不准在市区或城镇道路上骑车带人。

（4）不准在机动车道、人行道上骑车。

（5）不准在道路上学习驾驶骑车。

（6）不准醉酒骑行、扶肩并行、互相追逐、曲折竞驶、突然猛拐。

（7）不准牵引车辆或被其他车辆牵引。

（8）不准擅自在自行车、三轮车上加装动力装置。

（9）不准违反规定载物。

（10）不准未满十二岁的儿童在道路上骑自行车。

三、应对措施

《道路交通安全法》第七十六条规定：机动车与非机动车驾驶人、行人之间发生交通事故，非机动车驾驶人、行人没有过错的，由机动车一方承担赔偿责任；有证据证明非机动车驾驶人、行人有过错的，根据过错程度适当减轻机动车一方的赔偿责任；机动车一方没有过错的，承担不超过百分之十的赔偿责任。因此，骑车时一旦与机动车发生事故，要注意自我保护，必要时拨打 122 报警，等候交通警察前来处理。若遇到撞人后驾车或骑车逃逸的情况时，应记下逃逸车辆的车牌号，并立即拨打 122 报警或向周围群众求助。如果事故中有人受伤，在保障自己安全的情况下，拨打 120 或 999 急救电话，同时尽可能对伤者进行必要的急救处理，注意先救命后治伤。

本节思考题

（1）骑车前如何对自行车安全检查？

（2）你是否了解"死飞"自行车？若骑驶未经改装的"死飞"自行车上路会有什么危险？

（3）骑车时若与机动车发生事故，应该采用怎样的步骤进行处理？

5.3　乘车安全

在日常生活中，中职生选乘出租车、公交汽车、长途汽车等交通工具出行的机会较多，在等待和乘坐时一定要遵守公共秩序。近年来，由于交通环境日趋复杂，由车辆引发的交通事故频频发生，又常常因为乘客的疏忽大意，造成事故中的意外伤害，因此了解乘坐汽车出行的相关安全知识非常必要。

一、案例警示

案例回放

一辆由上海开往浙江上虞的大客车，冒雨行驶在沪昆高速浙江嘉兴段，车速相当快，车上的乘客完全没有意识到危险,聊天、睡觉,甚至在车厢里走来走去。突然失控的大客车一头撞上高速公路右侧的护栏,然后发生侧翻。车辆失控后,乘客们尽管已经拼命抓住椅背或扶手,但发生碰撞的瞬间,身体还是很快被甩了出去。侧翻事故导致22名乘客中,1人死亡,21人受伤。

大客车在高速行驶时,一旦出现急刹车、急转弯或撞车、追尾等情况,由于惯性,人的身体会因不受控制而与周边物体产生碰撞,从而造成身体伤害。因此,系上安全带是非常重要的保命措施。案例当中,由于乘车人员的安全意识淡薄,上车没有系安全带,最终导致悲剧发生。

2013年10月5日下午3时许,湖南长沙的马先生夫妇带着5岁的孙子准备乘中巴车外出,汽车启动的一瞬间,小孩伸在窗外的头部卡在了车窗和线路标识牌之间,随后小孩被紧急送往医院抢救,经诊断为颅底骨折、颅内出血及颈椎错位,最终因伤势过重而死亡。

汽车外壳是车内乘车人员最重要的"安全保护服",若将头、手等部位伸出窗外,也就失去了这个保护。而当伸出车外的部位与外部物体碰撞时,车窗也会对身体造成伤害。案例当中就是由于小孩的头部伸出窗外卡在了车窗和线路标识牌之间,事故因此而发生。

二、安全建议

（1）上车后迅速观察车辆情况,确认车辆安全门、安全锤及车门锁开关位置等,同时系好安全带。

（2）车辆行驶当中禁止将身体的任何部位伸出车外,不准向车外丢弃物品。

（3）乘车途中要扶稳坐好,车辆在行驶过程中不要与司机说话,以免干扰驾驶。

（4）禁止在车停稳前抢上、抢下,下车时要观察车门外有无来往车辆。

（5）禁止携带易燃、易爆等危险品乘车。若在车内闻到烧焦物品的气味或看到不明烟雾、不明物体时,要及时通知司售人员,同时撤离到安全位置,切勿自行处置。

（6）乘车时要注意保管好手机、钱包等财物,尤其在人多拥挤时,以免财物被盗。

（7）切勿乘坐"黑车""黑摩的"等非法交通工具。

（8）避免乘坐在货车车厢内,因为货运车厢仅为装卸货物方便而设计,没有考虑乘车人安全而设置扶手、座位等设施,车辆转弯时的离心作用或行驶中因车身颠簸很容易导致磕碰等伤害。

（9）一旦发生意外事故，切忌惊慌、拥挤，应服从司售人员的指挥，积极开展自救和互救。

 小贴士

轿车里哪个座位最安全

美国的一个专家小组，通过近 10 年的事故调查分析和实车检测后得出结论：如果将汽车驾驶员座位的危险系数设定为 100，则副驾驶座位的危险系数是 101，驾驶员后排座位的危险系数是 73.4，副驾驶后排座位的危险系数为 74.2，后排中间座位的危险系数为 62.2。也就是说，小汽车内安全性由大到小可排列为：后排中间座位、驾驶员后排座位、后排另一侧座位、驾驶座位、副驾驶座位。

三、应对措施

（1）乘车时若突遇车辆失控，不要惊慌，应抓紧扶手，身体远离车辆靠近障碍物的一侧，不能影响驾驶员操作，更不要盲目跳车。

（2）在碰撞发生前，要深坐在座椅中，双手抱住膝盖，将头埋在膝盖上方，若前方靠背较近，也可以将手抵住靠背，头放在手背上。

（3）对于客车，司机座位旁边和前、后车门顶部各有一个应急断气开关，目前一些新车的车辆外部，位于前车门旁也各安有一个紧急开关。突遇紧急情况时，车外人员可以按此开关打开车门。在打开应急开关后，乘客便可顺着开门的方向，手动打开车门。如车门无法开启，应使用安全锤将玻璃击碎。

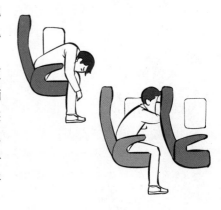

自我防护的姿势

（4）若汽车掉入水中，通常将会快速下沉，此时若车门或车窗开启应迅速逃生，若车窗、车门紧闭，可借助安全锤破窗逃生，但要注意保护面部。

（5）突遇车内着火时，一定要保持头脑冷静，不要慌乱，首选打开附近的车门，其次应用安全锤砸击车窗的破窗点或车窗的四个边角，注意用手臂护住面部，砸破后用脚将玻璃踹出窗外后逃生。

本节思考题

（1）为什么不能将头等部位伸出车窗？

（2）乘车过程中即将发生碰撞，怎样的姿势可以减少一些伤害？

5.4 轨道交通出行安全

轨道交通具有较高的运载力、较高的准时性、较高的速达性、较高的舒适性、较高的安全性、较低的运营费、较低的污染性等特点。随着城市地铁与高铁建设里程不断增加,乘坐轨道交通已成为人们主要的出行方式之一。相比于汽车、轮船等交通工具而言,轨道交通事故发生的概率小,但因设备故障、人为破坏、不可抗力等原因,也可能突发重大安全事故。因此,掌握一些基础知识和应对措施也是十分重要的。

一、案例警示

2014年11月6日18时57分,正值北京地铁晚高峰期间,北京地铁5号线惠新西街南口站,一名33岁女性乘客在乘车过程中被卡在屏蔽门和车门之间,列车启动后掉下站台,后经医院抢救无效身亡。

早晚高峰期间,地铁的人流量非常大,为尽快赶回家,乘车人员通常不顾拥挤,车厢拥堵情况时常发生,案例中的乘客被夹在屏蔽门和车门之间就是因非常拥挤而造成的。而从地铁方面来看,由于没有在车门空隙安装感应装置,当出现意外时,车辆照常行驶也是导致乘客掉下站台而最终死亡的原因之一。

2008年10月,王某和同学在南京某地铁站乘坐地铁时,蹲在靠近轨道的站台上,此时列车进站,王某猛地起身,忽然一阵头晕,栽倒掉入轨道内,当场被撞身亡。

在地铁或高铁站候车时,站台都会有警戒线,候车者应在黄色警戒线外候车。一旦超越警戒线候车或者玩耍,就有可能发生坠落或被列车撞到的危险,案例当中的受害者,就是由于超出警戒线候车才遭遇危险。

二、安全建议

(1)站台候车时,一定要站在黄色安全线以内,不要在站台上奔跑、打闹。

（2）禁止在车门即将关闭时抢上、抢下，同时要注意脚下站台间隙。

（3）在车上要注意保管好自己的手机、钱包等财物，尤其在人多拥挤时，以免被盗。

（4）乘车过程中不要倚靠在车门上，应尽量往车厢中部走，一旦发生撞车事故，车厢两头和车门附近是最危险的。

（5）中途到站停车时，要看住行李物品，防止下车的旅客拿错行李或小偷趁乱行窃；应尽量减少下车，如需下车购物，要将贵重物品随身携带，快去快回。

（6）严禁摆弄火车上的专业设备。

（7）严禁携带烟花爆竹、管制刀具、汽油等违禁物品上火车。

（8）要熟记车上安全通道位置及安全设备的使用方法。

（9）在候车、乘车、到站后，应对陌生人的搭讪、借手机等行为提高警惕，不要向陌生人透露自己的身份、手机号码、银行账号等私人信息。

（10）高铁列车是全封闭车厢，运行速度快。在运行中，一旦有旅客在车厢内的任何部位吸烟都会触发烟雾报警器，从而导致列车自动降速甚至紧急停车，严重影响列车安全。

（11）不要在轨道上玩耍、停留或摆放小石子，更不要向行驶的列车投掷杂物。

（12）不得翻越、损毁、移动铁路线路两侧防护围墙、栅栏或其他防护措施。

（13）一旦发生紧急情况，听从乘务人员指挥，不要慌乱逃生，以免发生其他危险。

 小贴士

铁路禁止携带托运物品

枪支、械具类（含主要零部件）、爆炸物品类、管制刀具、易燃易爆物品、毒害品、腐蚀性物品、放射性物品、传染病病原体。《铁路危险货物品名表》所列除上述物品以外的其他物品以及不能判明性质可能具有危险性的物品、国家法律、行政法规规定的其他禁止乘客携带托运的物品。

三、应对措施

1. 被夹于屏蔽门和车门之间，该怎么办？

（1）设法抵住车门，哪怕让门夹住胳膊或腿，决不让它关闭，只要门不关闭严实，列车决不会开动。

（2）若不幸屏蔽门、车门都已经关闭，那么屏蔽门内侧有一对黄色或红色的把手，不需要很大的力气掰开就能屏蔽门，哪怕屏蔽门打开一个小缝隙，列车也会紧急停止。

（3）若是站台上的围观群众，应立刻按动站台柱子上的紧急停车按钮，紧急停车按钮一般位于靠近车头和车尾站台的柱子上。

（4）若作为列车上的乘客，应立刻按动车厢中的乘客报警按钮或紧急开门栓，它们通常位于车门两侧或窗户上方，也有些在车厢连接处。

报警按钮或紧急开门栓的位置

2. 若不慎掉下站台怎么办？

一旦不慎掉下站台,应该赶紧大声呼救并向工作人员示意,工作人员会及时施救。如果坠落后看到有列车驶来,最有效的方法是立即紧贴里侧墙壁。在列车停车后,由地铁工作人员进行救助。千万不要就地趴在两条铁轨之间的凹槽里,因为列车和枕木之间没有足够的空间使人容身。如果是物品掉到站台下,不要跳下站台捡拾,以免触电或被行驶的列车撞伤,应由工作人员用专用工具捡拾。

3. 火车紧急制动时该如何应对？

火车发生出轨的征兆是紧急刹车、剧烈晃动、车厢向一边倾倒。此时面朝行车方向坐的人要马上抱头屈肘伏到前面的坐垫上,护住脸部,或者马上抱住头部朝侧面躺下;背朝行车方向坐的人也应马上用双手护住后脑部,同时屈身抬膝护住胸、腹部;如果座位不靠近门窗,应留在原位,抓住牢固的物体或者靠坐在座椅上,低下头,下巴紧贴胸前,以防头部受伤;若座位靠近门窗,就应尽快离开,跑到车厢中部并迅速抓住车内的牢固物体。

本节思考题

(1) 若不慎被夹于屏蔽门和车门之间,该怎么办？

(2) 乘坐轨道交通出行时,有哪些注意事项？

(3) 火车在行驶过程中遇到紧急情况突然制动时,该采用什么方法保护自己？

5.5 乘船安全

随着经济的发展,我国水上交通运输得到快速发展,乘船出行的乘客数量逐年增加,但受天气以及其他人为因素的影响,沉船事故时有发生。因水上逃生和救援的难度远远大于陆地,所以一旦发生事故,就会对乘客人身安全造成极大的威胁,希望大家通过学习本部分内容,能了解一些安全乘船的常识和容易引起沉船事故的原因,同时掌握一些自救逃生的方法,避免和减少伤害事故的发生。

一、案例警示

 案例回放

2004年12月17日15时40分,陕西省安康市紫阳县向阳镇瓦房渡口发生一起机动渡船沉船事故,造成8人死亡,2人失踪的严重后果。据初步调查,该船属于非法运营,造成事故的主要原因是人员超载。

 案例解析

未办理登记或是未经过船舶检验合格的船舶,其安全结构、设备、船员配备、载客定额数等往往难以保证,容易因利益驱使而出现人员超载、危险驾驶等情况,这些都是事故发生的主要隐患。此次沉船事故就是人员超载造成的,若乘船人员事先发现问题,拒绝乘坐违规船只,也许悲剧就不会发生。

 案例回放

2009年8月的一个下午,河北沧州一名学生乘船旅行。轮船行驶中,他趁船员不注意,站到甲板边缘低头欣赏波浪,不慎失足落水。幸好被船员及时发现,才没有造成严重后果。事后船长解释说:"站在甲板往下看时,有些人会产生一种眩晕的感觉,若不注意,很容易失足落水。"

 案例解析

船只行驶时,若站在甲板边缘处,由于身体受到船身振动、摇晃的刺激,人体不能很好地适应和调节机体的平衡,容易使神经功能发生紊乱,引起眩晕,极有可能导致身体失衡而落入水中。案例中的学生就是因为上述原因失足落水,幸好被船员及时发现才幸免于难。

二、安全建议

(1)严禁乘坐缺乏救护设施、无证经营的船只,更不能冒险乘坐超载的船只或"三无"船只(没有船名、船籍港、船舶证书)。

(2)遭遇大风大雨、浓雾等恶劣天气时,应尽量改乘其他交通工具。

(3)严禁携带烟花爆竹、汽油等危险物品上船。

(4)上下船时,须等船只靠稳,工作人员安置好上下船的跳板后才可行动。

(5)上下船不要拥挤,不能随意攀爬船杆,更不能跨越船挡,以免发生意外落水事故。

(6)上船后要留意观察安全通道,记住救生衣、救生船、灭火器、灭火栓的位置及使用

方法。

（7）不能将行李放置在阻塞通道和靠近水源的地方。

（8）禁止在船上嬉闹，不能拥挤到甲板一侧观景，不能紧靠船边摄影，更不能站在甲板边缘向下看波浪，以防眩晕或失足落水。

（9）如遇大风浪，发生颠簸，要听从工作人员的指挥，不要惊慌、乱跑或大叫，以免造成混乱，使船体失衡颠覆。

（10）发现船体剧烈颠簸时，要高度戒备，换上轻装，脱掉鞋子，确认最近的救生设备及逃生路径。

（11）若所乘船只发生局部失火或其他不安全现象，应及时与工作人员联系。在未搞清情况之前，切勿大声喧哗。

 小贴士

拉链式救生衣穿戴"三步法"

第一步，把救生衣套在身上，拉紧拉链。

第二步，将救生衣下边两根最长的缚带分别穿过左右两边的扣带环，绕到背后交叉，再将缚带绕回胸前，打死结系紧。

第三步，将颈部缚带打死结系紧。

拉链式救生衣的正确穿戴

三、应对措施

（1）如果从船上不慎落水，除了尽量保持身体悬浮于水面之外，最重要的就是要引人注意，寻求救援或呼救，拍击水面发出声音。

（2）所乘船只发生火灾时，不要盲目乱跑乱撞或一味等待他人救援，应赶快自救或互救逃生；客舱着火时，舱内人员在逃出后应随手将舱门关上，以防火势蔓延，并提醒相邻客舱内的旅客赶快疏散。

（3）若情况紧急不得不跳水时，不管水性好与坏，都要穿上救生衣或戴上救生圈；跳水前应尽量选择较低的位置，并查看水面，避开水面上的漂浮物，如果船左右倾斜则应从船首或船尾跳下；跳水时双臂交叠在胸前，压住救生衣，双手捂住口鼻，以防跳下时呛水。眼睛望前方，双腿并拢伸直，脚先下水。

（4）在水中穿着救生衣或持有救生圈时,应采取团身屈腿的姿势以减少体热散失;如果自己的水性只能勉强保护自己而无力救助他人时,尽量不要从他人面前游过,以免被没有水性的游客抓住不放,而耽误自救,导致双双遭遇不幸。

（5）除非离岸较近,或是为了靠近船舶及其他落水者,以及躲避漂浮物、漩涡等,一般不要无目的地游动,以保存体力。

（6）如果船上的救生用品不够用,可以将质地密实的裤子裤腿绑在一起扎紧,迎风灌满空气后套在脖子上,可以使头部露出水面。如果身边有空的饮料瓶,也可以将空饮料瓶塞进裤子内,这样可以长时间使用。

（7）若在海中遇险,请耐心等待救援,看到救援船只挥动手臂示意自己的位置。如果在江河湖泊中遇险,若水流不急,可游到岸边;若是水速过急,不要直接朝岸边游,而应该顺着水流游向下游岸边;如果河流弯曲,应向内弯处游,通常那里较浅并且水流速度较慢。

 **本节思考题**

（1）乘坐非正规单位运营船舶有什么危险?

（2）乘船时不能携带哪些物品?

（3）穿救生衣跳水逃生时,该如何做?

5.6　乘飞机安全

随着人们生活水平日益提高,越来越多的人在长途旅行中选择乘坐飞机,但由于高空、高速飞行,飞机一旦遭遇事故往往后果比较严重,因此,乘机安全问题一直被乘客所关注。了解乘机安全常识和一些自救措施,能够帮助人们减轻乘机时的不安心理。

一、案例警示

 **案例回放**

2013 年 7 月 6 日,由韩国仁川飞往美国旧金山的飞机在降落时,因起落架异常,飞机滑出跑道,机身起火。事故造成 180 人受伤,49 人重伤,另有 2 人身亡。经事故调查组推断,这 2 人可能是在飞机未降落时就解开了安全带,被失事客机尾部撞击地面时产生的强大冲击力甩到了机舱外。

 **案例解析**

飞机在起飞和降落期间,是飞机最容易发生事故的阶段。飞机未停稳就解开安全带,

在飞机俯冲时或突然向上爬行、转圈时,容易将人甩出座位,造成伤亡。案例当中的遇难者由于缺乏安全意识,降落前解开安全带才造成惨剧发生。

 **案例回放**

2012年3月,由成都飞往北京的航班,在飞行过程中,乘客李某因疏忽未将手机关机,对飞机导航系统产生干扰,造成飞机偏离正常航线30°。所幸当晚天气较好,加上机组人员及时发现,采取了补救措施,没有对飞行造成影响。北京首都机场公安分局依据有关法律给予李某行政拘留5天的处罚。

 案例解析

手机在使用过程中会发出电磁波信号并占用一定的频率,飞机的通信导航设备也有着属于自己专用的一个频率和波段。如果在这段频谱上有其他无线电信号,它们就会相互干扰,使机上工作人员接收信号时做出错误的判断,影响飞机的正常飞行,甚至导致航空事故的发生。

二、安全建议

(1)选择班机时,最好选择大飞机且直航的航班,减少转机次数也就能降低碰到飞行意外的概率。

(2)登机后,应仔细阅读前排椅背上放置的安全须知,认真观看乘务员的介绍和示范,熟练掌握系上和解开安全带的方法,学会使用氧气面罩。

(3)在飞机起飞或降落未停稳时,应坐稳并系好安全带,严禁起身站立。

(4)飞机在起飞、着陆的过程中应打开窗户的遮光板,收起桌板,调直座椅靠背。

(5)在飞行期间,禁止使用以下设备:手机、AM/FM收音机、便携式电视机、遥控玩具等。

(6)飞行期间,不要打闹、打架或做出其他威胁飞机安全行驶的行为。

(7)在非紧急情况下,不要乱动安全门或其他逃生设备。

(8)当飞机发生紧急情况时,应保持镇定,听从机上工作人员指挥。

 小贴士

飞机上有哪些救生设施?

应急出口:一般在机身的前、中、后段,有提醒的标志。

应急滑梯:每个应急出口和机舱门都备有应急滑梯。

救生艇:平时被折叠包装好存储在机舱顶部的天花板内。

救生衣:救生衣放在每个旅客的座椅下,飞机在水面迫降后穿上。

氧气面罩:每个座位上方都有一个氧气面罩存储箱,当舱内气压降低到海拔高度4000米气压值时,氧气面罩便会自动脱落,只要拉下戴好即可。

灭火设备：所有民航客机上都有各种灭火设备,例如干粉灭火器、水灭火器等。

三、应对措施

(1)乘机发生意外时,应保持冷静,听从乘务人员的指示;竖直椅背,收回小桌板,保证逃生通道畅通;打开遮阳板,这样可以保持良好的视线,确保乘客可以在紧急状况发生时观察机外的情形,以决定向哪一个方向逃生;如果自己或别人受伤,应尽快通知乘务人员,以便及时采取急救措施。

(2)当飞机需迫降时,应立即取下可能伤害身体的锐利物品,打开遮光板,收起小桌板,系好安全带,将双腿分开,低头,两手抓住双腿。飞机即将着陆时,应两手用力抓住双腿、屏气,使全身肌肉紧张,来对抗飞机着陆时的猛烈冲击。

(3)飞机停稳后,应立即解开安全带,找到机舱门或紧急逃生门,从充气逃生梯滑下。从滑梯撤离时,应双臂前平举,轻握双拳,或双手交叉抱臂,双腿及后脚跟紧贴梯面,收腹弯腰直到滑至梯底,迅速离开。

(4)如果飞机坠毁在陆地上,乘客应逃到距离飞机残骸 200 米以外的上风向区域。如果飞机迫降在水上,飞机的救生艇会自动充气,停放在机翼上。乘客应听从机组人员指挥,穿上救生衣,依次通过安全门,登上救生艇(注意:不要在机舱内为救生衣充气,这样会造成行动不方便)。

(5)如果机内已起火充满浓烟,应采取用湿手巾掩住口鼻、贴近地面爬行的姿势接近出口,以减少浓烟的吸入和更清楚地看到地面上的安全出口指示灯。

(6)飞机迫降后,应迅速离开飞机,因为飞机随时有起火、爆炸的危险。

利用逃生滑梯撤离

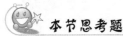
本节思考题

(1)乘坐飞机时的安全建议有哪些?

(2)从滑梯撤离时,动作要求是怎样的?

(3)飞机一旦紧急迫降,我们应该怎么办?

5.7　驾车安全

随着汽车行业的快速发展,以及人们生活水平的日益提高,驾车出行已经成为相当一部分人的选择,尤其是短途出行,自驾车成为越来越多家庭的首选。据国家统计局公布的数据显示,截至 2014 年,我国拥有机动车驾驶员 29 892.32 万人,民用汽车达到 14 598.11 万辆,2014 年全国共发生机动车交通事故 196 812 起,机动车交通事故受伤人数达 194 887 人,交通事故频发,给人们的出行安全蒙上一层阴影,因此驾车出行时,一定要遵守交通法规,养成良好的驾驶习惯。

一、案例警示

案例回放

2009年9月23日7时许,山东省驾驶员王某驾驶山东号牌的小客车沿津王路由南向北行驶,因超速行驶,打方向盘时发生侧滑,致车辆翻入左侧沟内,驾驶人王某及3名乘车人当场身亡。

案例解析

据有关部门调查统计,机动车超速行驶是交通事故的一大诱因,车辆速度越快,发生交通事故的概率越高。俗话说"十次事故九次快",讲的就是这个道理。开车时一定要注意道路上的限速标志,遇路口、转弯、掉头、铁道及能见度较低时,应减速慢行。案例当中的王某就是由于事故车辆车速过快,当打方向盘时,由于车辆的惯性造成侧滑,导致了严重的后果。

案例回放

2012年9月10日晚9时左右,郑州市西四环马寨附近一条尚未完工的路上,一辆面包车撞倒一名年轻农民工,经抢救无效死亡。肇事司机称,当时车速不快,对面的大货车开着远光灯,"走近时,眼被'闪瞎'了,啥也看不见。"等他看到路上有人时才紧急刹车,但为时已晚。

案例解析

正面会车时,开远光灯会导致瞬间致盲、对速度和距离的感知力下降、对宽度的判断

正面会车时远光灯照射效果

力下降,而后方车辆开启远光灯,前车内外 3 个后视镜中都会出现大面积光晕。案例当中,事发地点并没有路灯或人行横道,大车司机为了照明开启了远光灯,正是由于远光灯照射,使对面司机瞬间致盲,才导致了严重的车祸。因此,在会车时,一定要提早将远光灯调节为近光灯,以免影响对面车辆。

二、安全建议

(1) 经常检查车辆,尤其在远途出行前要检查轮胎、制动装置、雨刷器等。

(2) 行车之前确认四周无人,尤其是车辆盲区附近。

(3) 上车后系好安全带,并提醒乘车人员系好安全带,安全带位置不要过高或过低。

(4) 驾车过程中一定要遵守交通规则,按信号灯指示通行,并注意礼让行人。

(5) 避免"三超一疲劳",不超速、不超员、不超载、不疲劳驾驶。

(6) 文明驾驶,不要不打灯强行并线,不开斗气车,不占应急车道。

(7) 恶劣天气尽量不要驾车出行,若已经在路上应注意放慢车速。

(8) 记住驾车三原则:集中注意力、仔细观察和提前预防。

(9) 行车遇到路口情况复杂时,要做到"宁停三分,不抢一秒"。

(10) 保持安全跟车距离,尤其不要紧跟在大型车辆之后。距前车越近,越看不到前方的路况,有突发状况发生时难以闪躲。

(11) 不要只把视线盯着前车的车尾。随时观察更前面的道路状况,遇到危险时才能有时间采取更好的闪避措施。

(12) 会车时,如果对方开了远光灯,可以用远近光灯转换来提醒对方车辆关闭远光灯。

(13) 雾霾天气开车不要使用远光灯,应及时打开雾灯。

(14) 车上常备破窗工具,以备不时之需。

 小贴士

安全行车十五想

出车之前想一想,检查车况要周详。

马达一响想一想,集中精力别乱想。

起步之前想一想,观察清楚再前往。

自行车前想一想,中速行驶莫着忙。

要过道口想一想,莫闯红灯勤瞭望。

遇到障碍想一想,提前处理别惊慌。

转弯之前想一想,需防左右有车辆。

会车之前想一想,先慢后停多礼让。

超车之前想一想,没有把握别勉强。

倒车之前想一想,注意行人和路障。

夜间行车想一想,仪表车灯亮不亮。

通过城镇想一想,车辆减速切莫忘。

雨雾天气想一想,防滑要把车速降。

长途行车想一想,劳逸结合放心上。

停车之前想一想,选择地点要适当。

三、应对措施

（1）驾驶人因事故或车辆故障在高速公路上行走或修车时,极易发生被撞的事故。因此,当车辆在高速公路上发生事故或出现故障时,应立即开启危险报警闪光灯,设法把车辆停在路肩、紧急停车带等安全地段,并设置停车警告标志、打求救电话、报警;驾乘人员不要在车内或车辆附近逗留,迅速退到护栏以外等安全地带等待救援,尤其在雾天发生交通事故时,应立即停车,驾乘人员应尽快从右侧车门离开车辆,避免发生二次事故。

（2）车辆在高速公路上行驶中突然爆胎,尤其是前轮突爆,极有可能引发车辆失控而导致倾翻。轮胎突爆时,车身迅速歪斜,方向盘向爆胎侧急转,此时驾驶员要保持镇静,切不可采取紧急制动,应全力控制住方向盘,松抬加速踏板,尽量保持车身正直向前,并迅速抢挂低速挡,利用发动机制动使车辆减速。在发动机制动作用尚未控制住车速时,不要冒险制动停车,以免车辆横甩,发生更大的危险。

（3）发生交通事故后,首先应将车辆熄火,打开双闪提示灯,拉紧手刹,在确保安全的情况下在车后适当距离设立安全警告标志,对事故现场拍照取证。如事故较轻,可以自行快速处理;如事故较重,先远离车辆,再报警处理。其间拨打保险公司电话报险。如在事故中无法打开车窗和车门,情况危急时需用工具破窗逃生,尤其在车辆落水时,一定要抓住逃生时机尽快脱离危险。

本节思考题

（1）驾车出发前,第一步应该做什么?

（2）驾车时若遇到对方开着远光灯行驶,应该怎么办?

（3）开车过程中出现交通事故,应该怎么办?

5.8　旅游安全

信息与交通的便利使得人们出行的机会大大增加,人们物质生活的日益改善使得旅游成为居民休闲的重要方式之一,越来越多的家庭选择在节假日出游。据统计,2015年旅游业占全球GDP 10%,占就业总量9.5%。中国国内旅游突破40亿人次,旅游收入超过4万亿元人民币,出境旅游1.2亿人次。中国国内旅游、出境旅游人次和国内旅游消费、境外旅游消费均居世界第一。世界旅游业理事会（WTTC）测算:中国旅游产业对GDP综合贡献10.1%,超过教育、银行、汽车产业。国家旅游数据中心测算:中国旅游就业人数占总就业人数10.2%。随着游人数量的暴涨,增加了旅游中意外伤害事故的发生频率,因旅游设施、旅游交通、自然灾害等原因造成的游客生命和财产损失事件屡见不鲜。因此,外出旅行中,需要掌握一定的旅途安全知识,以有效地降低旅途的风险,更好地享受旅程。

一、案例警示

2015 年 7 月 18 日,西安市临潼区一名 19 岁的女大学生,与家人到蒲城县龙首黑峡谷景区游玩时,从双龙洞栈道天梯一处阶梯摔下 3 米高的石崖,致身体多处损伤,右侧鼻骨骨折,右眼球破裂,视力为零。

外出旅游时一定要注意人身安全,对险峻的旅游景点要量力而行,不可贸然前往。蒲城县文物旅游局文物稽查大队贺大队长表示,这是一家民营景区,虽然景区在石崖处安置了保险设施,但还是没能阻止事故的发生。因此,在旅游景区的危险地段,更要提高警惕,不要因为一时的疏忽大意造成不可挽回的损失。

2015 年 4 月 28 日,16 名云南游客参加长沙欧亚国际旅行社的张家界三日游,旅游合同中并无自费项目的约定。此后,长沙欧亚国际旅行社将游客转拼给张家界湘西中旅。当天,杨佳欣受湘西中旅委派担任共 50 人散客团的导游服务工作。在从长沙去往张家界的途中,杨佳欣向游客推销自费项目,邱某某等 16 人表示不愿意参加。团队在到达张家界用午餐时,杨佳欣只为参加了自费项目的其他游客安排中餐,导致邱某某等 16 人的不满而发生冲突,杨佳欣随即到餐馆厨房拿了一把菜刀与游客对峙。

虽然国家制定了严明的法律,游客与旅行社也签订了明确的合同,但导游威胁游客的情况仍时有发生,因此要加强旅游安全防范意识和维权意识。上述案例中,国家旅游部门依法对事件涉案的旅行社和导游做出处理,没收违法所得,停业整顿 3 个月,处 50 000 元罚款;对旅行社法人代表覃某没收违法所得,处 20 000 元罚款。导游杨佳欣胁迫游客的行为违反了《导游人员管理条例》,拟吊销其导游证。

二、安全建议

(1) 提前安排行程,定好行程后,要从官方渠道购票,不买"黄牛票"。

（2）准备好必备的证件，如护照、身份证、学生证等，旅行之前，一定要仔细检查自己的证件，以免因为疏忽大意造成不必要的麻烦。

（3）带好旅行常备药品，如感冒药、晕车药、创可贴、防中暑药、防肠道感染药、防蚊虫叮咬药、抗过敏药、速效扩血管药等。

（4）外出旅游时，事先安排好车辆或乘坐正规交通工具，即使在危急的情况下，也尽量不要乘坐黑车。

（5）尽量少带现金，贵重物品随身携带，切记不要将贵重物品交给他人保管。

（6）不轻易将自己的信息告知他人。在外旅行，很容易遇到陌生人，和陌生人交谈时，尽量不要泄露自己的个人信息。

（7）选择正规的宾馆住宿。安排好住宿后记得查看逃生路线图，最好沿着安全通道实际走一回，一旦遇到危险，可以第一时间逃生。

（8）在夏季高温时节出游，游客要注意饮食安全，讲究饮食卫生，防止"病从口入"及不科学的饮食习惯造成的身体不适或疾病。

（9）夏季出游，在高温高湿天气易发生中暑，心脑血管病人及老幼体弱者更应注意采取必要的预防措施。

（10）遇到雷雨、台风、热带风暴、泥石流、洪水、海啸等恶劣天气和自然灾害时，应远离危险地段或危险地区，切勿进入景区规定的禁区内。

（11）到海滨地区游泳时，要在景区限定的区域内游泳，最好结伴而行，有较强的自我保护意识，携带必要的保护救生用品，不私自下水，以防溺水事故发生。

（12）到山区或地形复杂的地方旅游，要防滑、防跌、防迷失，要牢记景区规定的行走路线，不要去无防护设施的危险地段，最好结伴游览，防止走错路、迷路。

 小贴士

旅游投诉热线

游客可拨打 12301 热线进行旅游投诉，并可通过该服务平台查询投诉处理情况。12301 投诉热线还开通了微信投诉方式，游客可以通过微信界面查询并添加 12301 微信公众号，或者通过微信城市服务进行投诉。

三、应对措施

（1）外出旅行过程中，一旦乘坐了黑车也不要慌张，可打电话给朋友或家长，告诉他们你坐了什么车，大概什么时间到什么地方，让朋友来接你，好让黑车司机不敢有非分之想，并想办法在人多的地方提早下车。

（2）旅游过程中，一旦遭遇贵重物品被盗或被骗的情况，要第一时间报警。重要证件如身份证和银行卡要分开放，以免造成不必要的经济损失。

（3）在遇到旅游纠纷事件时，首先要确保人身安全，然后通过报警、投诉等方式维护个人利益。

 **本节思考题**

（1）旅途中向陌生人随意炫富会有什么危险？

（2）你知道应该从哪里购买车票吗？

（3）一旦乘坐了黑车，应该怎么办？

单元 6

自然灾害

    自然灾害是指由于自然异常变化造成的人员伤亡、财产损失、社会失稳、资源破坏等现象或一系列事件。我国幅员辽阔,是世界上自然灾害种类最多的国家,据民政部发布的数据,仅 2015 年 11 月各类自然灾害就造成全国 247.3 万人次受灾,47 人死亡,4 人失踪,4000 余间房屋倒塌,直接经济损失达 48 亿元。自然灾害是人类与自然之间矛盾的一种表现形式,是人类过去、现在、将来面对的最严峻的挑战之一,虽然人类无法完全预测和阻止自然灾害,但是了解自然灾害的发生规律和特点,采取积极的防范措施,就可以减轻其造成的危害和损失。本单元介绍各种自然灾害的相关避险知识,目的在于加强青少年学生对自然灾害的防范意识,提高应对自然灾害的素质和能力。

6.1 雾　霾

    雾霾是雾与霾的组合词,是对大气中各种悬浮颗粒含量的笼统表述,PM2.5(空气动力学当量直径小于等于 2.5 微米的颗粒物)被认为是造成雾霾天气的最大元凶。PM2.5 由一般无机元素、元素碳、有机碳、有机化合物、微生物、硫酸铵、硝酸铵、金属元素铅、铜、镉、铝等化学成分组成,不仅可进入气管和支气管,甚至可以进入肺泡和血液中。欧洲空气污染效应队列研究组的研究显示:PM2.5 浓度每升高 $5\mu g/m^3$,肺癌和肺腺癌风险分别升高 18% 和 55%;当一座城市的雾霾天出现明显增加的趋势时,7 年后当地肺癌发病率将明显增加。如今,在我国四分之一国土中,约有 6 亿人受到了雾霾的影响,环保专家指出我国治霾或要 30~50 年,因此,防护雾霾的常识应该得到重视,青少年更应该了解雾霾,掌握防护雾霾的知识,减少雾霾对自己及家人的危害。

一、案例警示

    2015 年 12 月 7 日,北京市应急办发布消息,将于 8 日 7 时至 10 日 12 时启动控制重

污染红色预警措施。北京市教委 7 日晚间发布通知,要求中小学、幼儿园、青少年宫及校外教育机构在红色预警期间停课。10 日中午,就读于某高中的张帅同学看天空能见度转好,便约了几个小伙伴出去打篮球,当日晚上到家,感觉喉咙肿痛,胸闷气短,后经医院诊断为呼吸道感染。

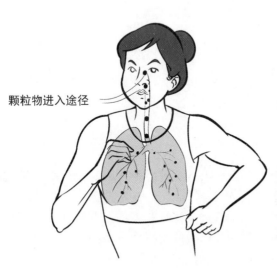

一般来说,颗粒物的直径越小,进入呼吸道的部位越深,粒径10μm以上的颗料物,会被挡在人的鼻子外面。

粒径在2.5~10μm之间的颗粒物,能够进入呼吸道,但部分可通过痰液等排出体外,另外也会被鼻腔内部的绒毛阻挡,对人体健康危害相对较小。

粒径在2.5μm以下的细颗粒物,因为过于细小,不易被阻挡,可深入到细支气管和肺泡,干扰肺部的气体交换,引发包括哮喘、支气管炎和心血管病等方面的疾病。

颗粒物进入途径

PM2.5 对人体危害示意图

案例解析

　　呼吸系统是大气污染物直接作用的靶器官。PM2.5 的成分可以直接引起哮喘、肺功能下降、肺炎、肺癌等呼吸道疾病。张帅同学大意的根据观察天空决定进行户外运动,大量吸入 PM10、PM2.5 颗粒,导致呼吸道感染,久而久之极易引起肺炎、肺癌等疾病,危及生命。建议雾霾天气根据北京环境保护监测中心公布的空气质量指数为参考,如果在户外无法查询空气质量,也不要只是抬头看天空,即使天空是蓝的,近地面也可能污染严重,要平视远方的树木或楼房,如果感觉有浅浅的烟雾,就需要采取防护措施。

案例回放

　　北京市某中学的体育课上,教师为了让学生完成本学期过程性考核,组织学生课上进行 800 米测试,部分学生测试后感觉呼吸困难,身体不适。课后学生父母以让其孩子在雾霾天气剧烈运动,伤害孩子身体为由将学校告到教委,教委得知后对此学校进行批评,并责令学校领导与教师认真阅读《北京市教育委员会空气重污染应急预案》。

雾霾天外出要戴上防护口罩

 **案例解析**

《北京市教育委员会空气重污染应急预案》中明确规定：雾霾天气蓝色预警时，小学、幼儿园、少年宫及校外教育机构减少户外活动；黄色预警三级时中小学、幼儿园、少年宫及校外教育机构停止体育课、课间操、运动会等户外活动……本预案适用于北京市辖区内所有中小学校及幼儿园，包含中等职业学校、外籍人员子女学校、驻华使馆学校、少年宫及校外教育机构。北京市的这位学生家长很好地利用了空气严重污染应急预案，保护了自己的孩子，同时提醒了学校。在校学生应该了解本地空气重污染应急预案等相关文件详情，在遇到雾霾天气参加户外课程时，能及时用政策、法规来保护自己。

二、安全建议

雾霾天气户外防护：

（1）雾霾天尽量减少外出，如果不得不出门时，戴上防护口罩；在人口密集的城市，非雾霾天早晨也要尽量佩戴口罩。

（2）雾霾天要减少户外运动，尽量不晨练。

（3）行人要注意风向，尽量走在上风方向的便道；骑车人尽量找与大街平行的胡同穿行。

（4）开车人尽量减少在马路上开车窗，重度雾霾要设置内循环或安装车载空气净化器。

（5）雾霾天户外活动尽量远离马路，遵循"短、平、快"原则：短暂停留、平和呼吸、小步快走。

（6）养成回到家（宿舍）洗脸、洗手、漱口、清洗鼻腔的习惯。

雾霾天气室内防护：

(1) 家中(宿舍)使用空气净化器。

(2) 家中(宿舍)养殖一些安全的绿叶植物。

(3) 雾霾天在室内减少煎炒烹炸。

(4) 重度雾霾天不要开窗通风,平时选择中午阳光较充足的时候短时间开窗换气。

雾霾天气饮食：

(1) 多喝水。喝水可让分泌型免疫球蛋白 A 和黏液纤毛更加强壮,进而增强抵抗力。

(2) 多吃富含抗氧化剂的食物。抗氧化剂可以利用自身结构的特性来稳定自由基多余的电子,增强身体抗氧化防卫系统、保护细胞免受 PM2.5 带来的大量自由基侵害。

主要抗氧化物质：生物类黄酮、维生素 E、维生素 C、硒、胡萝卜素类、番茄红素、天然虾青素、氧杂蒽酮、辅酶 Q10、SOD、茶多酚、葡萄籽提取液(又称红酒多酚)。

 小贴士

雾霾天气如何正确选择口罩?

青少年可根据每日发布的空气质量指数选择口罩,若空气质量良好,选择普通口罩即可;若空气质量指数超过 100,最好选择 N95 口罩、KN90 型口罩等专业的防 PM2.5 口罩。

 知识链接

口罩上的 N 代表采用的是美国标准;FFP 是欧洲标准;KN 是中国的标准。

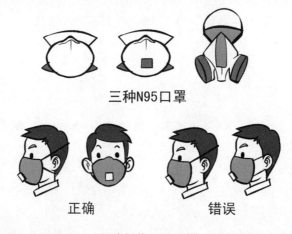

三种N95口罩

正确　　　错误

正确佩戴 N95 口罩

纱布口罩：能滤除大部分粉尘和病菌,但对 PM2.5 几乎没有什么防护作用。

活性炭口罩：添加了具有吸附作用的活性炭层,但它只对隔绝异味起作用,对抗颗粒物防霾效果欠佳。

普通一次性医用口罩：一般为无纺布材质,具有防飞沫、吸湿等作用,但过滤颗粒物效果并不理想,也不适合用于抵挡 PM2.5。

N95 型口罩：是 NIOSH(美国国家职业安全卫生研究所)认证的 9 种防颗粒物口罩中的一种。"N"的意思是不适合油性的颗粒,"95"是指在 NIOSH 标准规定的检测条件下,过滤效率达到 95%。

KN90 型口罩："KN"是指口罩适用于过滤非油性颗粒物;"90"代表过滤效果在 90% 以上。

三、应对措施

1. 空气污染程度判定及应对

雾霾天气的应对措施见表 6-1。

表 6-1　雾霾天气的应对措施

空气污染指数	空气质量级别(状况)	应 对 措 施
0~50	一级(优)	各类人群可正常活动
51~100	二级(良)	极少数异常敏感人群应减少户外活动
101~150	三级(轻度污染)	儿童、老年人及心脏病、呼吸系统疾病患者应减少长时间、高强度的户外锻炼
151~200	四级(中度污染)	疾病患者避免长时间、高强度的户外锻炼,一般人群适量减少户外运动
201~300	五级(重度污染)	儿童、老年人和心脏病、肺病患者应停留在室内,停止户外运动,一般人群减少户外运动
>300	六级(严重污染)	儿童、老年人和病人应当留在室内,避免体力消耗,一般人群应避免户外活动

2. 北京市教育委员会空气重污染应急预案

按照《中华人民共和国突发事件应对法》有关规定,依据空气质量预测结果,综合考虑空气污染程度和持续时间,将空气重污染预警分为 4 个级别,见表 6-2。

表 6-2　空气重污染预警级别划分

预警级别	预测空气重污染将持续天数	应急预案
蓝色预警(四级)	1 天(24 小时)	小学、幼儿园、少年宫及校外教育机构减少户外活动
黄色预警(三级)	2 天(48 小时)	中小学、幼儿园、少年宫及校外教育机构停止体育课、课间操、运动会等户外活动
橙色预警(二级)	3 天(72 小时)	中小学、幼儿园、少年宫及校外教育机构停止户外活动
红色预警(一级)	3 天以上(72 小时以上)	小学、幼儿园、少年宫及校外教育机构停课

 **本节思考题**

（1）如何正确判断空气是否适合户外运动？

（2）雾霾天户外活动应该注意什么？

（3）宿舍如何正确通风？

6.2 高 温

空气温度达到或超过 35℃ 时称为高温。气温极高、太阳辐射强而且空气湿度小的高温天气,被称为干热型高温。我国北方地区如新疆、甘肃、宁夏、内蒙古、北京、天津、石家庄等地夏季经常出现干热型高温。由于夏季水汽丰富,空气湿度大,在气温并不太高时,人们的感觉是闷热,就像在蒸笼中,此类天气被称之为闷热型高温,在我国沿海及长江中下游,以及华南等地经常出现。连续高温天气会给人体健康、交通、用水、用电等方面带来影响,青少年要了解我国不同地区的高温状况,掌握高温天气的应对措施,以减少高温对生活、学习的危害。

一、案例警示

 **案例回放**

2014 年 7 月 29 日 18 时左右,巡防三大队民警宋海涛带领巡防队员正在北京东路巡逻,

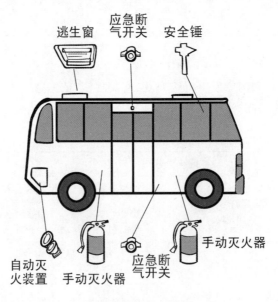

公交车上的安全设备

发现一辆正在行驶的 102 路公交车的车尾忽然冒出滚滚浓烟。宋海涛立即让司机将车停靠到应急车道上,并迅速将所有乘客疏散,所幸,最后车上人员与财物未发生伤亡或损失。

案例解析

我国每年七八月,多个城市都会出现异常高温天气,地面温度甚至会升到 70℃,除了人在经受热浪的考验,多地公交车和私家车也频频发生自燃。夏季高温天气,青少年尽量减少外出,如果必须外出,除做好防中暑措施外,还要留意乘坐的交通工具是否安全。在乘车时要警惕车内异味,观察车上是否有冒烟地方,如果发现要及时告诉司机;自己驾车要检查车胎气压是否过高,线路是否有老化、磨破现象,车内是否配有 1～2 个干粉灭火器,另外车内不能放置易燃易爆物品,如打火机、香火等。

**案例回放**

暑假期间,小明和家人一起到海边度假。小明第一次接触大海兴奋不已,从早晨10 点一直玩到下午 1 点。由于小明只穿了泳裤,回到酒店发现自己胳膊、后脖颈都晒得通红,甚至爆皮、疼痛不止。随后去医院诊治,医生诊断为晒伤。

案例解析

夏季游泳是消暑的好方法,但海边或露天游泳一定要做好防晒措施。小明在海边连续游玩三小时,而且只穿了一条泳裤,长时间的暴晒是导致他晒伤的原因。青少年在高温天气活动时,除了注意饮食与补水外,还要注意防中暑和防晒伤。

忌长时间暴晒游泳

二、安全建议

(1)高温天气,在户外工作时,要采取有效防护措施,切忌在太阳下长时间裸晒皮肤。

(2)高温天气,不在强烈的阳光下疾走,也不到人聚集的地方。从外面回到室内后,切勿立即开空调,更不要对着空调或电风扇吹。

(3)尽量避开在上午 10 时至下午 4 时出行,应在口渴之前就补充水分。

（4）少吃多餐，注意高温天饮食卫生，防止胃肠感冒。

（5）保持充足睡眠，有规律地生活和工作，增强免疫力。

（6）要注意对特殊人群的关照，特别是老人和小孩。

（7）预防晒后日光性皮炎的发病。如果皮肤出现红肿等症状，应用凉水冲洗，严重者应到医院治疗。

（8）出现头晕、恶心、口干、迷糊、胸闷气短等症状时，可能是中暑早期症状，应立即休息，补充水分，病情严重应立即到医院治疗。

（9）及时更换汗湿衣服。大汗后不宜立即用冷水洗澡，应先擦干汗水，稍休息后用温水洗澡。

 小贴士

五大食品战高温

（1）哈密瓜。哈密瓜含有丰富的抗氧化剂，可以帮助抵抗烈日危害。

（2）浆果类。浆果类可起到消炎作用，此外，它还是抗氧化剂维生素 C 的主要来源。

（3）菠菜。菠菜含有水分和大量镁。另外，菠菜能使皮肤和眼睛免受烈日危害。

（4）红辣椒。红辣椒能有效地促进汗液排放，从而降低体温。

（5）运动饮料。在湿热的环境下进行运动，运动饮料是一种较好的补水选择。

三、应对措施

1. 高温预警

高温预警级别见表6-3。

表 6-3　高温预警级别

预警信号	标　准	防　范　措　施
高温黄色预警	连续三天日最高气温将在 35℃以上	（1）天气闷热，要注意防暑降温。 （2）避免长时间户外或者高温条件下作业。 （3）各相关部门、单位做好用电、用水的准备工作。 （4）媒体应加强防暑降温保健知识的宣传
高温橙色预警	24 小时内最高气温将升至 37℃以上	（1）尽量避免午后高温时段的户外活动，对老、弱、病、幼人群提供防暑降温指导，并采取必要的防护措施，有条件的地区应当开放避暑场所。 （2）有关部门应注意防范因用电量过高，电线、变压器等电力设备负载大而引发火灾。 （3）户外活动或者在高温条件下作业的人员应当采取必要的防护措施。 （4）注意作息时间，保证睡眠，必要时准备一些常用的防暑降温药品。 （5）媒体应加强防暑降温保健知识的宣传，各相关部门、单位落实防暑降温保障措施。 （6）有关部门应当加强食品卫生安全监督检查

续表

预警信号	标　准	防　范　措　施
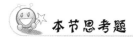 高温红色预警	24 小时内最高气温将升至 40℃以上	(1) 注意防暑降温,白天尽量减少户外活动。 (2) 有关部门要特别注意防火。 (3) 建议停止户外露天作业。 (4) 教育部门应安排没有防暑降温设备的学校停课;在强烈阳光下,暂停或取消学生的户外活动

2. 高温车辆自燃应对措施

一旦汽车发生火灾,不要惊慌,驾驶员应迅速停车至路边,关闭发动机,断电下车。小车着火后前 10 分钟是救火黄金时间,如果火势不大,可以立即用车载灭火器扑救;如果火势无法控制,应立即拨打 119 报警。此外,汽车自燃时,灭火方法要得当,一定要注意个人防护,不能用水灭火,对汽车引擎盖下的初始火情,要避免一下子将引擎盖全部打开。

本节思考题

(1) 高温橙色预警应采取哪些措施进行防御?

(2) 高温天气的注意事项有哪些?

6.3　寒　潮

来自高纬度地区的寒冷空气,在特定的天气形势下迅速加强并向中低纬度地区侵入,造成沿途地区剧烈降温、大风和雨雪天气,这种冷空气南侵达到一定标准的就称为寒潮。我国规定寒潮的标准是:某一地区冷空气过境后,气温 24 小时内下降 8℃以上,且最低气温下降到 4℃以下;或 48 小时内气温下降 10℃以上,且最低气温下降到 4℃以下;或 72 小时内气温连续下降 12℃以上,并且最低气温在 4℃以下。寒潮在我国各地都可能发生,引发的大风、霜冻、冻害等灾害对农业、交通、电力有很大影响,低温环境还会大大削弱人体防御功能和抵抗力,从而诱发各种疾病,甚至发生生命危险。

一、案例警示

2016 年 1 月 23 日,张佳为了完成实习任务,计划走访 5 个工厂。室友提醒他:23 日最低气温将降至 −17℃左右,建议他改天再去,张佳却不以为然,没有改变计划。在回学校的路上,张佳在寒风中等了半小时才等到车。回到宿舍,张佳拎电脑包的手已经麻木,而且感觉头晕、全身发冷。后到医务室测量体温达到 38.4℃,医务室医生诊断张佳为感冒、手冻伤。由于身体不适,张佳不得不休息数天,实习任务也只能推后。

冬季注意保暖

案例解析

　　案例中的张佳不相信天气预报,没有采纳室友的建议,也没有做好御寒措施,导致其冻伤、冻病,甚至不能完成实习任务。青少年要了解冻伤防护措施和寒冷天气的应对措施,来保护自己抵御严寒,而不能因为爱美、自认为身体好就忽视保暖。

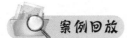案例回放

　　2005年2月6日,鄂西南、江汉平原、鄂东北地区共有18个县市出现雨凇,6小时积冰直径在2~8mm。最大雨凇积冰直径6小时达到20mm。致使五峰110伏线塔倒塌40多座,4条110千伏输电线路受到破坏,供电瘫痪,电网结构遭到破坏,对华中电网运行造成了极大威胁。

雨凇

案例解析

　　一般在初冬或冬末初春季节,寒潮降温天气产生的云中过冷却液态降水碰到地面物体后会直接冻结成冰,形成雨凇,雨凇是一种灾害性的天气现象。严重的雨凇厚度可达几厘米,能压断树木、电线和电杆,造成供电和通信中断,妨碍公路和铁路交通,威胁飞机飞行安全。消除雨凇灾害的方法主要是在雨凇出现时,采取人工落冰的措施,不断把树木、电线上的雨凇敲刮干净,并对树木、建筑等采取支撑措施。在这种极端的天气下,青少年学生尽量少出门,防滑倒、防冻伤、防倒塌或坠落物砸伤。

二、安全建议

（1）及时关注天气预报，提前做好防冻、防风、防雪灾的措施。

（2）当气温骤降时，要注意添衣保暖，特别是要注意手、脚、耳朵等部位，应充分保暖。

（3）室外活动时，尽量减少身体暴露部位，对于容易发生冻疮的部位经常按摩，以免冻伤。

（4）车辆外出要采取必要的防滑措施；尽量不骑车外出，以免滑倒跌伤。

（5）农村要做好越冬作物的防冻、防风工作，加固温室大棚或临时搭建物。

（6）牧区要尽快将户外牲畜赶回棚圈，并采取适当防雨雪、防寒措施。

（7）独自在野外遭遇强寒流时，最好能保持觉醒状态，以免在熟睡中被冻昏迷而发生危险。

 小贴士

天冷也要开窗换气

天气一变冷，很多人喜欢门窗紧闭。须知，即使寒潮来临家里也是要开窗通风换气的，这样才能保证空气流通，因为长时间关闭门窗，会给细菌滋生创造好条件，所以适当的开窗通风对全家人的身体健康是有一定好处的。

三、应对措施

在寒潮天气里，如果皮肤苍白、麻木，出现充血、水肿、发痒和疼痛等症状，那就可能是冻伤，要尽快治疗。

（1）将患者移到暖和的地方，并将衣服解开，用毛巾、毛毯让全身保温，不可搓揉冻伤部位。

（2）患者呼吸停止时，立刻将气道开放，并进行人工呼吸。若脉搏停止跳动，则要进行心肺复苏术。

（3）只有手脚冻伤时，可在患者稳定后，将手脚泡在温水中（37～40℃），也可给予温热的饮料，但不可以用热水浸泡。

（4）冻伤部位恢复后，要消毒患部并包扎起来，送医治疗。

冻伤后不当处理方式

 本节思考题

（1）寒冷天气外出需要注意什么？

（2）冻伤后应该采取哪些措施？

6.4 雪　灾

　　雪灾亦称白灾,是因长时间大量降雪造成大范围积雪成灾的自然现象。冬季适量的积雪覆盖对于农作物越冬、减轻大气污染等是有益的,但过多的降雪,甚至连续数天或十多天的暴风雪,就会造成灾害。由于寒潮和暴风雪造成的雪灾不仅对农业、畜牧业有极大危害,对城市交通、人们生活也会产生严重影响。

一、案例警示

 案例回放

　　2008年1月10日起我国的上海、江苏、浙江、湖北等20个省(区、市)均不同程度受到低温、雨雪、冰冻灾害影响。截至2月24日,因灾死亡129人,失踪4人,紧急转移安置166万人;农作物受灾面积1.78亿亩,成灾8764万亩,绝收2536万亩;倒塌房屋48.5万间,损坏房屋168.6万间;因灾造成的直接经济损失1516.5亿元人民币;森林受损面积近2.79亿亩,3万只国家重点保护野生动物在雪灾中冻死或冻伤;受灾人口超过1亿。

 案例解析

　　我国国家气象部门的专家指出,2008年我国大范围的雨雪过程归因于与拉尼娜(反圣婴)现象有关的大气环流异常。环流自1月起长期经向分布使冷空气活动频繁,同时副热带高压偏强、南支槽活跃,源自南方的暖湿空气与北方的冷空气在长江中下游地区交汇,形成强烈降水。大气环流的稳定使雨雪天气持续,最终酿成这次雪灾。此次雪灾对南方大部分地区的交通、能源、通信、农业、供水等生产和人们日常生活造成了严重影响。

 案例回放

　　2015年11月22日,由于下雪地面路滑,一辆大货车行驶过程中突然打滑失控,撞向了右侧行驶的轿车,将轿车挤到桥边上,随后交警赶到拖走了大货车,封闭了结冰路段。

 案例解析

　　雨雪过后,道路结冰打滑,交通事故会明显上升,司机在行驶过程中要缓慢行驶,如果

下雪天应慢行

减速建议采用点刹制动。青少年在冰雪天气要远离行车道,注意脚下路面安全,避免打滑车辆撞到自己。

二、安全建议

(1) 关注气象部门关于暴雪的最新预报、预警信息。

(2) 做好道路清扫和积雪融化准备工作。

(3) 暴雪来临前减少外出活动,特别是减少车辆外出。

(4) 做好防寒保暖准备,储备足够的食物和水。

(5) 暴雪天气,不在不结实、不安全的建筑物内停留,要远离广告牌、临时搭建物等,避免砸伤。

(6) 注意收听天气预报和交通信息,避免因机场、高速公路、轮渡码头等停航或封闭而耽误出行。

(7) 驾驶汽车时要慢速行驶并与前车保持距离。车辆拐弯前要提前减速,避免踩急刹车。有条件要安装防滑链,佩戴墨镜。

(8) 农牧区要备好粮草,将野外牲畜赶到圈里喂养。

(9) 对农作物要采取防冻措施,防止作物受冻害。

 小贴士

雪天驾车口诀

起步要缓,刹车要点,转弯要慢,并线要看。

照顾左右,前距留够,后距常瞅,坡路防溜。

三、应对措施

暴雪预警及防范措施见表6-4。

表6-4　暴雪预警及防范措施

预警信号	标　准	防范措施
暴雪 **蓝 SNOW STORM** 暴雪蓝色预警	12 小时内降雪量将达 4mm 以上,或者已达 4mm 以上且降雪持续	(1) 政府及有关部门按照职责做好防雪灾和防冻害的准备工作。 (2) 交通、铁路、电力、通信等部门应当进行道路、铁路、线路巡查维护,做好道路清扫和积雪融化工作
暴雪 **黄 SNOW STORM** 暴雪黄色预警	12 小时内降雪量将达 6mm 以上,或者已达 6mm 以上且降雪持续	(1) 政府及相关部门按照职责落实防雪灾和防冻害措施。 (2) 交通、铁路、电力、通信等部门应当加强道路、铁线路巡查维护,做好道路清扫和积雪融化工作。 (3) 行人注意防寒防滑,驾驶人员小心驾驶,车辆应当采取防滑措施。 (4) 农牧区和种养殖业要备足饲料,做好防雪灾和防冻害准备。 (5) 加固棚架等易被雪压的临时搭建物

续表

预警信号	标　准	防　范　措　施
 暴雪橙色预警	6 小时内降雪量将达 10mm 以上,或者已达 10mm 以上且降雪持续	(1) 政府及相关部门按照职责做好防雪灾和防冻害的应急工作。 (2) 减少不必要的户外活动。 (3) 加固棚架等易被雪压的临时建筑物。 (4) 将户外牲畜赶入棚圈喂养
 暴雪红色预警	6 小时内降雪量将达 15mm 以上,或者已达 15mm 以上且降雪持续	(1) 政府及相关部门按照职责做好防雪灾和防冻害的应急和抢险工作。 (2) 必要时停课、停业(除特殊行业外)。 (3) 必要时飞机暂停起降,火车暂停运行,高速公路暂时封闭。 (4) 做好牧区等救灾救济工作

本节思考题

(1) 暴风雪来临前应该采取什么防御措施?

(2) 刚下完雪,张明同学要到学校对面书店买书,因为太冷他没有绕到人行道,从马路中间直接跑到对面,这样节省了时间还省得挨冻。请问,张明的这种做法对吗? 为什么?

6.5　风　　灾

风速在学术界分为 12 个等级,分别为无风、软风、轻风、微风、和风、劲风、强风、疾风、大风、烈风、狂风、暴风和飓风。台风和飓风都是一种热带气旋,发生地点不同,叫法不同,在北太平洋西部、国际日期变更线以西,包括中国南海和中国东海称作台风;而在大西洋或北太平洋东部的热带气旋则称飓风,也就是说在美国一带称飓风,在菲律宾、中国、日本一带叫台风。2015 年期间,我国就受到了"彩虹""杜鹃""苏迪罗""灿鸿""鲸鱼"等台风的7 次袭击,导致台湾、福建、广东、广西、上海等 12 个省市受灾,仅台风"彩虹"就造成广东和广西 19 人死亡,直接经济损失超过 260 亿元。

一、案例警示

案例回放

2014 年 6 月 13 日,北京的 12 岁少年一航走到朝阳北路青年汇小区北侧临时通道外时,围墙突然倒塌并压垮了围墙和临时通道之间的护栏,将其瞬间压到护栏和碎砖下面,后经抢救无效死亡。

大风天气远离大树

查阅当年资料发现，2014年6月13日，北京市气象台发布大风蓝色预警信号，预计出现7级以上大风，瞬时风力可达10级以上。大风天气，儿童、老人等人群应尽量减少外出，遇到强风要就近选择商场、写字楼等建筑牢固的房屋躲避，而施工工地附近、广告牌附近或下方、危墙附近等都是高危地方，行走时要尽量远离。另外，遇到大风突发事件要在确认环境不会发生二次事故的情况下，再进行救援他人。

2014年7月18日，记者刘文静记录报道台风"威马逊"时，发现当地人对于台风的到

台风"威马逊"

来并没有显出紧张感。刘文静以为他们可能还不知道,经询问,都说早就收到了台风消息,只是对台风已经见怪不怪。

案例解析

受台风"威马逊"及其残留云系影响,广东、广西、海南和云南 4 省(自治区)154 个县(市、区)超过 1100 万人受灾,62 人死亡,21 人失踪,灾区电力、供水、道路、通信等基础设施损毁严重,直接经济损失 384.8 亿元。灾区居民开始并没有想到"威马逊"台风会有生命史长、登陆次数多、登陆强度极强、风雨凶悍的特点,如果最初收到台风信息时,就从思想上重视,提早做好应对措施,很多伤亡与损失是可以避免或减少的。

二、安全建议

(1) 及时收听、收看或上网查阅大风或台风预警信息,了解政府的防风行动对策。

(2) 提早加固门窗(窗户上用胶布贴成"米"字形)和易被吹动的搭建物,妥善安置易受大风损坏的室外物品。

(3) 检查电路、炉火、煤气等设施是否安全,必要时关闭水、电、燃气等。

(4) 低洼地区、危旧房屋的人要及时转移至安全处。

(5) 尽量减少外出,若必须外出时要远离施工工地,不在临时建筑物、高大建筑物、广告牌铁塔、大树等附近停留。

(6) 不要将车辆停在高楼、大树下方,以免玻璃、树枝等吹落造成车体损伤。

(7) 户外遇到突然强风来袭,要立即选择坚固结实的房屋避风。

(8) 遇到大风,机动车和非机动车驾驶员应减速慢行。

(9) 如大风或台风伴有雷电,要采取防雷措施。

(10) 台风过后需要注意环境卫生,注意食物、水的安全。

(11) 不要到台风经过的地区旅游或到海滩游泳,更不要乘船出海。

小贴士

风 力 歌

零级烟柱直冲天,一级青烟随风偏,二级轻风吹脸面,三级叶动红旗展,四级枝摇飞纸片,五级带叶小树摇,六级举伞步行难,七级迎风走不便,八级风吹树枝断,九级屋顶飞瓦片,十级拔树又倒屋,十一十二级陆上很少见。

三、应对措施

台风预警及防范措施见表6-5。

表 6-5　台风预警及防范措施

预警信号	标　准	防　范　措　施
 台风蓝色预警	24 小时内平均风力达 6 级以上,或者阵风 8 级以上并可能持续	(1) 政府及相关部门按照职责做好防台风准备工作。 (2) 停止露天集体活动和高空等户外危险作业。 (3) 相关水域水上作业和过往船舶采取积极的应对措施。 (4) 加固门窗、围板、棚架、广告牌等易被风吹动的搭建物,切断危险的室外电源。 (5) 注意媒体报道的台风动态,外出的人尽快回家
台风黄色预警	24 小时内平均风力达 8 级以上,或者阵风 10 级以上并可能持续	(1) 政府及相关部门按照职责做好防台风应急准备工作。 (2) 停止室内外大型集会和高空等户外危险作业,中小学生及幼儿园托儿所停课。 (3) 相关水域水上作业和过往船舶采取积极的应对措施,加固港口设施,防止船舶走锚、搁浅和碰撞。 (4) 加固或者拆除易被风吹动的搭建物,人员切勿随意外出,确保老人小孩留在家中最安全的地方,危房人员及时转移
台风橙色预警	12 小时内平均风力达 10 级以上,或者阵风 12 级以上并可能持续	(1) 政府及相关部门按照职责做好防台风抢险应急工作。 (2) 停止室内外大型集会、停课、停业(除特殊行业外)。 (3) 相关水域水上作业和过往船舶应当回港避风,加固港口设施,防止船舶走锚、搁浅和碰撞。 (4) 加固或者拆除易被风吹动的搭建物,人员应当尽可能待在防风安全的地方。 (5) 相关地区应当注意防范强降水可能引发的山洪、地质灾害
台风红色预警	6 小时内平均风力达 12 级以上并可能持续	(1) 政府及相关部门按照职责做好防台风应急和抢险工作。 (2) 停止集会、停课、停业(除特殊行业外)。 (3) 回港避风的船舶要视情况采取积极措施,妥善安排人员留守或者转移到安全地带。 (4) 加固或者拆除易被风吹动的搭建物,人员应当待在防风安全的地方,当台风中心经过时风力会减小或者静止一段时间,切记强风将会突然吹袭,应当继续留在安全处避风,危房人员及时转移。 (5) 相关地区应当注意防范强降水可能引发的山洪、地质灾害

本节思考题

(1) 如何判断风力?

(2) 台风黄色预警应采取哪些应急预案?

6.6　雷　电

雷电是伴有闪电和雷鸣的一种放电现象。雷电常伴有强烈的阵风和暴雨,有时伴有冰雹和龙卷风,发生时产生的电流是主要破坏源。雷电的受击者有三分之二在户外。在雷雨天,如果没有可靠的防雷装置,建筑物、仪器设施、人体都可能遭到雷击,造成触电、火灾、爆炸等严重灾害事故。据统计仅 2007 年我国发生雷电事故 19982 起,伤亡 1357 人,造成直接损失超过6亿元。青少年要了解雷电的相关知识,提高安全自救意识,减少雷电造成的伤害。

一、案例警示

 **案例回放**

2002 年 5 月 27 日,河南省获嘉县中和镇某中学教学楼遭到雷电的袭击,致使 28 名学生不同程度被雷击伤,其中有三四名学生伤势严重。据该市气象局防雷中心主任讲,该校教室窗户是铁制的,又没有采取防雷措施,所以导致学生被雷击伤。

 **案例解析**

此案例是由于学校安全管理疏漏造成的事故,学校应该承担相应责任,但学生一定要掌握雷雨天防雷常识。雷雨天气要关闭窗户,不要离窗户太近,更要远离铁制物品,以免雷电沿着铁丝进入房间,产生强大电流,造成人员伤亡。

掌握防雷知识很重要

 **案例回放**

据长沙市气象台监测显示,2014 年 3 月 28 日 19 时至 20 时,在短短一小时时间内,长沙城区雷电次数惊人,达 100 多次。长沙县黄花镇鱼塘村 42 岁的村民曹红光在回家路上,一道白色的闪电从天而降,她应声倒地身亡。在位于长沙县黄花镇与干杉镇相邻的两个村庄,数十年来,频频发生雷电致人伤亡事件。

案例解析

　　人们在自然灾害面前非常无奈,为了减少伤亡,只能以预防为主。案例中曹红光所在村庄附近频繁发生雷电安全事故,她更应该加强防范,冒雷雨回家很容易被雷电击中。提醒青少年雷雨天要减少外出,如果户外突遇雷电,应立即蹲下,降低自己高度,同时双脚并拢。

野外遇到了雷,两脚并拢蹲下

二、安全建议

　　(1)雷雨天要及时关好门窗,防止直接雷击和球形雷的入侵。同时还要尽量远离门窗、阳台和外墙壁。

　　(2)在室内不要靠近,更不要触摸任何金属管线,包括水管、暖气管、煤气管等。

雷电产生强大电流,瞬间引起物体燃烧

　　(3)在房间里不使用任何家用电器,包括电视、电脑、电话、电冰箱、洗衣机、微波炉等。

　　(4)保持室内地面的干燥,以及各种电器和金属管线的良好接地。

（5）雷雨天尽量少洗澡，太阳能热水器用户切忌洗澡。

（6）在室外要远离孤立高楼、电杆、变电室、高压线、大树、旗杆、广告牌等，不站在空旷的高地上，切忌登高观雨和在大树下避雨，尽量找房屋或干燥的洞穴躲避。

（7）不用有金属立杆的雨伞，不骑自行车，不戴金属框架眼镜、手表等。

（8）不要穿潮湿衣服靠近或站在露天金属物品附近。

（9）不到江河湖塘等水面附近活动，要远离水面。

（10）躲进汽车（敞篷车或上半部为非金属材料的汽车除外），关闭车窗。若要离开车时要双脚一起蹦出来，不能单脚落地。

 小贴士

雷击易发生的地方

（1）缺少避雷设备或避雷设备不合格的高大建筑物、储罐等。

（2）没有良好接地的金属屋顶。

（3）潮湿或空旷地区的建筑物、树木等。

（4）由于烟气的导电性，烟囱特别易遭雷击。

三、应对措施

1. 雷电预警

雷电预警及防范措施见表 6-6。

表 6-6　雷电预警及防范措施

预警信号	标　准	防范措施
雷电黄色预警	6 小时内可能发生雷电活动，可能会造成雷电灾害事故	（1）政府及相关部门按照职责做好防雷工作。 （2）尽量避免户外活动
雷电橙色预警	2 小时内发生雷电活动的可能性很大，或者已经受雷电活动影响，且可能持续，出现雷电灾害事故的可能性比较大	（1）政府及相关部门按照职责落实防雷应急措施。 （2）人员应当留在室内，并关好门窗。 （3）户外人员应当躲入有防雷设施的建筑物或者汽车内。 （4）切断危险电源，不要在树下、电杆下、塔吊下避雨。 （5）在空旷场地不要打伞，不要把农具、羽毛球拍、高尔夫球杆等扛在肩上
雷电红色预警	2 小时内发生雷电活动的可能性非常大，或者已经有强烈的雷电活动发生，且可能持续，出现雷电灾害事故的可能性非常大	（1）政府及相关部门按照职责做好防雷应急抢险工作。 （2）人员应尽量躲入有防雷设施的建筑物或者汽车内，并关好门窗。 （3）切勿接触天线、水管、铁丝网、金属门窗、建筑物外墙，远离电线等带电设备和其他类似金属装置。 （4）尽量不要使用无防雷装置或者防雷装置不完备的电视、电话等

2. 雷击伤人后应对措施

(1) 被雷电击中后,如果衣服着火,要立刻躺下,就地打滚,切记不可惊慌奔跑,救助者可以往伤者身上泼水灭火,也可用外衣、毯子将伤者裹住,隔绝火焰燃烧必需的氧气。灭火后,烧伤要及时进行冷疗、包扎。

(2) 如果雷击时发现有人突然倒下,口唇青紫,叹息样呼吸或不喘气,大声呼唤也没有反应,表明伤者意识丧失、呼吸心跳骤停,应抓紧时间进行现场心肺复苏。

(3) 因雷电发生触电事故后,立即用不导电物体(如干燥的木棍、竹棒或干布等物)使伤员尽快脱离电源。检查伤员全身情况,神志清醒、呼吸心跳自主者,就地平卧、严密观察,暂时不要站立或走动,防止继发休克或心衰;发现呼吸或心跳停止后应立即就地心肺复苏。

 本节思考题

(1) 雷雨天在室内的注意事项有哪些?
(2) 雷击伤人后应对措施有哪些?

6.7 冰 雹

冰雹是一种常见的自然现象,当地表的水被太阳曝晒气化,升到了空中,许许多多的水蒸气在一起,凝聚成云,遇到冷空气液化,以空气中的尘埃为凝结核,形成雨滴,若遇到冷空气而没有凝结核,水蒸气就凝结成冰或雪,如果温度急剧下降,就会结成较大的冰团,也就是冰雹。冰雹会给农业、建筑、通信、电力、交通以及人民生命财产带来损失,冰雹造成的事故与损失多因其发生时比较突然,人们来不及应对而致,所以要了解冰雹的特点,掌握应对措施,遇到冰雹时就可以避免发生伤害事故。

一、案例警示

 案例回放

2015年8月12日16时30分至17时,昭阳区守望乡、布嘎乡突降特大冰雹,造成烤烟、玉米、葡萄、苹果、核桃、辣椒等农作物大面积受灾,部分房屋受损、倒塌。据不完全统计,截至当日18时30分,灾害就造成6000多户2万多人受灾,农作物受灾面积23 000多亩。

 案例解析

冰雹是春夏季节一种对农业生产危害较大的灾害性天气。一场冰雹袭击,轻则减产,重则绝收。因此要了解冰雹的有关知识,能判断冰雹天气,及时采取措施,减少灾害带来的伤亡与损失。

2015年7月,内蒙古突然狂风大作,下起了暴雨,并夹有冰雹。孙默在窗边看到冰雹有鸡蛋那么大个儿,好奇极了,随即冲出屋子跑到墙边捡了一个最大的冰雹,在他抱着冰雹往回跑时,突然感觉头上被重物击中,晕倒在地,幸好家人看到,迅速将其抬入室内。

应在房屋内躲避冰雹

冰雹出现时间短促,但来势凶猛,如果冰雹体积较大,很容易造成人员伤亡,冰雹砸伤人群、牲畜的事件经常发生。如果发现暴雨中夹有冰雹时,应该及时到房屋内躲避,不能在屋檐下和窗户边躲避。孙默对冰雹的危险性认识不够,开始错误地站在窗边看冰雹,后来更做出了在下冰雹的情况下,跑去外面捡冰雹玩的荒谬之举,造成危险。

二、安全建议

(1)关注天气预报,及时接收有关冰雹的信息。

(2)冰雹天气要提前关好门窗,妥善安置好易受冰雹大风影响的室外物品。

(3)在做好防雹准备的同时,也要做好防雷电的准备。

(4)正下冰雹时,切勿随意外出。

(5)在外突遇冰雹,一定要沉着冷静,可以将书或书包顶在头上,保护头部,迅速找可以躲避冰雹的地方。

(6)户外人员不要在高楼烟囱、电线杆或大树底下躲避冰雹,尽量找到一个安全的地方躲避,尤其是在出现雷电时。

小贴士

如何判断冰雹是否来临

（1）感冷热："早晨露水重,后晌冰雹猛。"

（2）辨风向："不刮东风不下雨,不刮南风不降雹。"

（3）观云态："黑云尾、黄云头,冰雹打死羊和牛。"

（4）听雷声："响雷没有事,闷雷下蛋子。"

（5）识闪电："竖闪冒得来,横闪防雹灾。"

（6）看物象："鸿雁飞得低,冰雹来得急。"

在外突遇冰雹时注意保护头部

三、应对措施

冰雹预警及防范措施见表6-7。

表 6-7　冰雹预警及防范措施

预警信号	标　准	防　范　措　施
冰雹橙色预警	6小时内可能出现冰雹天气,并可能造成雹灾	（1）政府及相关部门按照职责做好防冰雹的应急工作。 （2）气象部门做好人工防雹作业准备并择机进行作业。 （3）户外行人立即到安全的地方暂避。 （4）驱赶家禽、牲畜进入有顶篷的场所,妥善保护易受冰雹袭击的汽车等室外物品或者设备。 （5）注意防御冰雹天气伴随的雷电灾害
冰雹红色预警	2小时内出现冰雹可能性极大,并可能造成重雹灾	（1）政府及相关部门按照职责做好防冰雹的应急和抢险工作。 （2）气象部门适时开展人工防雹作业。 （3）户外行人立即到安全的地方暂避。 （4）驱赶家禽、牲畜进入有顶篷的场所,妥善保护易受冰雹袭击的汽车等室外物品或者设备。 （5）注意防御冰雹天气伴随的雷电灾害

 本节思考题

（1）冰雹预警分为几种？应分别采取什么措施？
（2）在户外突遇冰雹，应如何应对？

6.8　暴　雨

　　中国气象上规定，24 小时降水量为 50 毫米或以上的强降雨称为"暴雨"。特大暴雨是一种灾害性天气，因大雨、暴雨或持续降雨使低洼地区淹没、渍水的现象称为"洪涝"。一个地区如果短期内连降暴雨，就会导致河水迅猛上涨，溢出河床，淹没农田，冲毁房屋、道路、桥梁等建筑，毁坏电力、燃气、通信等设施，严重干扰我们的正常生活秩序，危害到人们的生命安全。

一、案例警示

 案例回放

　　2012 年 7 月 21 日至 22 日，北京及其周边地区遭遇 61 年来最强暴雨及洪涝灾害。根据北京市政府举行的灾情通报会的数据显示，此次暴雨造成房屋倒塌 10 660 间，160.2 万人受灾，经济损失 116.4 亿元。

案例解析

　　"7·21"灾害是由于短时间内连续降雨引起的洪涝，7 月 21 日的北京并不缺乏应对措施，先后发布过六次预警，仅房山区共转移撤离群众 65 000 余人，转移安置被困游客 1.6 万人，解救受困群众、学生、乘客等人员 1200 多人，但依旧没有抵挡住暴雨的肆虐。所以，在任何地方，暴雨、洪涝灾害都不容忽视，掌握洪灾知识与常识更是必不可少。

落水时要寻找并抓住漂浮物

 案例回放

　　2012 年 7 月 21 日的暴雨使北京城区广渠门桥下成为一片汪洋，五辆车搁浅水中，其

中有一辆越野车因车门无法打开,救援人员只能拿着铁棍敲击车窗。破窗后,救援人员将一名男子拽出,随后将其抬上救护车。据999抢救人员介绍,该男子被救出来时已无生命迹象,主要原因是溺水。

房屋被淹时爬上屋顶求救

 **案例解析**

此案例是城市内涝引起的事故,暴雨引起城市内涝发生率较高的地点有立交桥下、城市隧道、地下通道等地,案例中男子将车开到立交桥下,由于水深淹过车门,导致车门无法打开,最后在车中溺水身亡。发生内涝时,尽量不要驾驶或乘坐机动车辆外出,机动车遇到较深的积水时应该绕行,水大时,车走不了,应趁水没有淹到车门时,赶紧弃车逃命。

二、安全建议

(1)爱护城市排水设施,平时不将垃圾、杂物丢入马路下水道,以防堵塞。

(2)关注天气预报,注意预警信息。

(3)养成良好习惯,外出时记得带雨伞。

(4)暴雨发生时,在家中,要关好门窗,关闭电源;在学校,安心在教室避雨,尽量等到雨停了再回家;在室外,要及时躲避,不要在空旷地停留,不能冒雨前行。

(5)发生暴雨时,要及时判断是否有洪水暴发,远离河道。

(6)关注洪水警报,了解所处位置是否低于洪水的水平面。

(7)认清路标,明确撤离路线与目的地,避免因惊慌而走错路。

(8)关掉煤气阀和电源总开关。

(9)洪水来临前准备的应急物资有:救生衣或临时救生装置(如自制漂浮用具等);速食食品、饮用水、颜色鲜艳的衣物等必要的生活用品;治疗感冒、痢疾、皮肤感染的常用药品以及手机、收音机、打火机、多用途小刀、手电、旗帜、哨子等。

(10)水灾后地表水源会遭受污染,故饮用水时应先消毒或煮沸。

（11）不能食用被水浸泡的食品、被水淹毙的牲畜和家禽、水中死亡的鱼虾类等。

（12）注意环境卫生和个人卫生，按照要求服用预防流行病的药物，避免传染病的爆发。

（13）避免涉水外出，防止跌入地坑、沟渠中。

（14）注意观察周边环境，仔细观察路面积水情况：通常有浪花、漩涡或向外溢水的地方很可能井盖已缺；而水面较平静地方一般为积水；水面开阔且有较均匀的碎浪花处，一般水较浅。

（15）防止触电，无论室内还是室外都要远离变压器、电线杆、电线等可能带电物体，及时切断家中电源，防止发生触电事故。

（16）发生内涝时不驾驶或乘坐机动车外出，机动车遇到较深积水应绕行，听从交警指挥。如果遇到积水突然上涨来不及撤离时，要第一时间弃车逃离，如果来不及也不要慌张，第一时间打开车窗，预留逃生通道。

 小贴士

淋雨后要做的几件事

（1）冲个热水澡。

（2）多喝热水或姜汤。

（3）体弱者适当服用预防感冒的药物。

三、应对措施

1. 暴雨预警

暴雨预警及防范措施见表 6-8。

表 6-8　暴雨预警及防范措施

预警信号	标　准	防范措施
暴雨蓝色预警	12 小时内降雨量将达 50 毫米以上，或者已达 50 毫米以上且降雨可能持续	（1）政府及相关部门按照职责做好防暴雨准备工作。 （2）学校、幼儿园采取适当措施，保证学生和幼儿安全。 （3）驾驶人员应当注意道路积水和交通阻塞，确保安全。 （4）检查城市、农田、鱼塘排水系统，做好排涝准备
暴雨黄色预警	6 小时内降雨量将达 50 毫米以上，或者已达 50 毫米以上且降雨可能持续	（1）政府及相关部门按照职责做好防暴雨工作。 （2）交通管理部门应当根据路况在强降雨路段采取交通管制措施，在积水路段实行交通引导。 （3）切断低洼地带有危险的室外电源，暂停在空旷地方的户外作业，转移危险地带人员和危房居民到安全场所避雨。 （4）检查城市、农田、鱼塘排水系统，采取必要的排涝措施

续表

预警信号	标　　准	防　范　措　施
暴雨橙色预警	3小时内降雨量将达50毫米以上,或者已达50毫米以上且降雨可能持续	(1) 政府及相关部门按照职责做好防暴雨应急工作。 (2) 切断有危险的室外电源,暂停户外作业。 (3) 处于危险地带的单位应当停课、停业,采取专门措施保护已到校学生、幼儿和其他上班人员的安全。 (4) 做好城市、农田的排涝,注意防范可能引发的山洪、滑坡、泥石流等灾害
暴雨红色预警	3小时内降雨量将达100毫米以上,或者已达100毫米以上且降雨可能持续	(1) 政府及相关部门按照职责做好防暴雨应急和抢险工作。 (2) 停止集会、停课、停业(除特殊行业外)。 (3) 做好山洪、滑坡、泥石流等灾害的防御和抢险工作

2. 洪涝

(1) 当洪水袭来时,应迅速向高处转移,如山坡、屋顶、楼房高层、大树等地方。不可攀爬带电的电线杆、铁塔,也不要爬到泥坯房的屋顶。

(2) 如果已被洪水包围,要设法尽快通知救援部门,报告自己的方位和险情,积极寻求救援。

(3) 及时发出求救信号,手电筒、哨子、旗帜、鲜艳的床单等都可用来发求救信号。

(4) 必要时自制简易木筏逃生,大块泡沫塑料、床、箱子、木板、衣柜等都可制作木筏。

(5) 如果处在急流中,要尽量利用固着点、利用漂浮物顺流斜下;不要胡乱挣扎、不要横渡、更不要逆流而上。

(6) 在汽车上遇到洪水,必须在水漫至车窗前逃离。

(7) 发现有人触电倒地,千万不要急于靠近拉扶,必须在采取应对措施后才能对触电者进行施救。

本节思考题

(1) 暴雨橙色预警应采取哪些防范措施?

(2) 遇到洪涝灾害的应对措施有哪些?

6.9　泥　石　流

　　泥石流是指在山区或者其他沟谷深壑、地形险峻的地区,因为暴雨、暴雪或其他自然灾害引发的携带有大量泥沙以及石块的特殊洪流。按物质成分可分为:泥石流、泥流和水石流;按流域形态可分为:标准型泥石流、河谷型泥石流和山坡型泥石流;按物质状态可分为黏性泥石流和稀性泥石流。泥石流具有突然性以及流速快、流量大、物质容量大和破坏力强等特点,发生时常常会冲毁公路、铁路等交通设施甚至村镇等,造成巨大伤亡与损失。

一、案例警示

 案例回放

2003年7月11日晚10时,成都某旅行社组织的一队游客到邛山沟旅游,在水卡子村一名村民创办的度假村与当地群众举行联欢会,突然两股大型泥石流从邛山沟附近的山上急速冲下,现场仅有10多人侥幸逃出。有71名群众被困于两股泥石流中间地段。新华社四川丹巴7月13日发布,截至13日早晨4时30分,四川省丹巴县发生的特大泥石流灾害共造成1人死亡,50人失踪,另有71人被困。

遇到泥石流时要马上与泥石流成垂直方向向两边山坡上面爬

 案例解析

2003年7月,四川丹巴发生特大泥石流灾害,造成这次泥石流灾害除不可抗拒的自然力量外,还因为当地民众的泥石流防灾意识非常薄弱,自我保护和自救能力太差。一是当地几个村寨是建筑在大面积的泥石堆积地上;二是村寨距沟口4.2千米,泥石流在这4.2千米运动过程中原本村民有宝贵的20分钟避灾时间,然而由于缺乏通信设备而无法联系,使沟口的村民和旅游者来不及撤离;三是有的人甚至还顺着泥石流前进的方向逃避而致使厄运难逃。

案例回放

2015 年 12 月 20 日 11 时 40 分左右,广东省深圳市光明新区凤凰社区恒泰裕工业园发生山体滑坡,附近西气东输管道发生爆炸。深圳市应急办主任杨峰 20 日晚在新闻发布会上表示,滑坡造成 59 人失联(其中男性 36 名、女性 23 名),33 栋建筑被毁。现场塌方面积 10 多万平方米。

案例解析

深圳光明新区垮塌体为人工堆土,原有山体没有滑动。人工堆土垮塌的地点属于余泥渣土收纳场,主要堆放渣土和建筑垃圾,由于堆积量大、堆积坡度过陡,导致失稳垮塌,造成多栋楼房倒塌。近些年,人们对自然资源的开发程度和规模不断扩大,人为因素诱发的泥石流数量也不断增加。不合理开挖,不合理的弃土、弃渣、采石,滥伐乱垦都可能诱发滑坡和泥石流。

二、安全建议

(1) 在外出旅游或者野外实习时,应随时收听、收看当地气象预报,尽量避免大雨天或连续阴雨天去山区旅游。

(2) 到山区时,应清楚了解紧急情况下躲灾避灾的安全路线和地点。

(3) 野外扎营时,要选择平整的高地作为营址,尽量避开有滚石和大量堆积物的山坡下或山谷、沟底,注意干涸的河道排水易发生危险。

(4) 在沟谷内逗留或活动时,一旦遭遇大雨、暴雨,要迅速转移到安全的高地,不要在低洼的谷底或陡峭的山坡下躲避、停留。

(5) 泥石流常滞后于降雨暴发,白天降雨较多后,晚上或夜间应密切注意雨情,最好提前转移、撤离。

(6) 留心周围环境,特别警惕远处传来的土石崩落、洪水咆哮等异常声响,这很可能是即将发生泥石流的征兆。

(7) 留心附近土地变化,如斜坡的雨水排水方式发生变化,土地移动、小面积滑动或树木逐步倾斜,路面上有裂缝并变大等要迅速撤离。

(8) 山洪暴发前后不能轻易涉水过河。

遇到泥石流朝与泥石流垂直方向
跑到安全避难场地

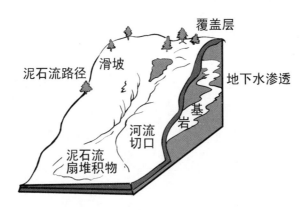

典型泥石流示意图

 小贴士

泥石流形成的三个条件

　　泥石流形成的三个条件：陡峻的便于集水、集物的地形和地貌；有丰富的疏松泥沙物质；为泥石流提供动力条件的水源。

三、应对措施

　　(1) 山沟内如有巨大轰鸣声，这时要尽快离开低洼地带，向沟岸两侧山坡跑。

　　(2) 发现泥石流后，要马上向与泥石流成垂直方向的山坡上爬，爬得越高越好，跑得越快越好，不能往泥石流的下游走。

　　(3) 避开河(沟)道弯曲的凹岸或地方狭小高度又低的凸岸。可以躲避在树林密集的地方，但不要上树躲避。

　　(4) 如果不幸受伤，就要尽量保存体力，不要乱动，以免使骨头错位，影响下一步治疗。可以用石块敲击能发出声响的物体，向外发出呼救信号，等待救援人员到来。

　　(5) 如能及早脱险，应迅速向当地管理部门报警，并积极参加救援行动。

山谷内如有巨大轰鸣声，要尽快向沟岸两侧山坡跑

（6）与被困的其他同学或游客保持集体行动,听从管理人员的指挥,不要单独行动,否则会因情况不明而陷入绝境。

（7）善后处理。

① 将压埋在泥浆中的伤员救出后,应立即清除口、鼻、咽喉内的泥土及痰、血等,排出体内的污水。

② 对昏迷的伤员,应将其平卧,头后仰,将舌头牵出,尽量保持呼吸道的畅通,如有外伤应采取固定、止血、包扎等方法处理。

③ 发生泥石流后,河流、湖泊、水库、水井等地表水源会遭受污染,故饮用水时应先消毒或煮沸。

④ 不能食用被泥石流淹毙的牲畜和家禽。

⑤ 按照要求服用预防流行病的药物,避免传染病的爆发。

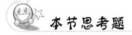

本节思考题

（1）在防御泥石流灾害方面,去山区旅游时应该注意哪些事项?

（2）如何预测是否会发生泥石流?

6.10　地　　震

地震是一种破坏力极强的自然灾害,其具有很强的突发性,且余震的频度较高,难以预测,让人防不胜防。它除了能够直接造成房倒屋塌、山崩地裂等灾害以外,还会引起火灾、水灾、泥石流、滑坡、瘟疫、有毒气体泄漏等次生灾害,给人们的生命和财产安全造成重大损失。我国是一个地震多发的国家,地震发生频率高、强度大、震源浅、分布广。2008年四川省阿坝州汶川县发生的里氏8.0级地震,就造成至少69 197人遇难,374 176人受伤,18 289人失踪。面对突发性强、涉及面广的地震,每个人都要有居安思危、预防为主的意识,掌握一些必要的应急避险措施,最大限度减少地震带来的伤亡与损失。

一、案例警示

2012年5月28日10时22分,河北省唐山市市辖区、滦县交界发生4.8级地震,29日5时,相同区域又发生3.2级地震,北京、天津等地有震感。地震发生后,网络上一段长6分钟“实拍唐山地震中老师带领学生从容撤离”的视频迅速走红。地震中,唐山英才学校2000余名师生从容有序撤离现象赢得了网友盛赞。

在户外遇到地震时,应迅速远离楼房

　　这是一个典型地震防范事例,说明了面对重大突发自然灾害时防范意识的重要性。据了解,唐山英才学校平均两周一次演习,开始很多老师与学生都有意见,觉得影响正常教学安排,但学校董事长刘建凯却坚持此举,并将其写入教学大纲。学校对学生珍爱生命、居安思危教育理念,使得师生克服了困难和阻力,并在地震来临时能做到临危不惧,也正是坚持演习使得学校学生掌握了正确逃生路线,养成了师生不离不弃、相互帮助的道德品质,所以青少年学生要重视并珍惜每一次演习的机会。

　　某学校一名体育系学生搞恶作剧,深夜在楼道里滚动铅球,发出轰隆隆的响声,并大声呼喊"地震了"。酣睡中的同学闻声惊醒迅速逃离,其中有 8 名学生忙乱中跳楼躲避地震造成严重伤害。

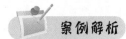

　　地震谣言仅次于地震的危害,据不完全统计,我国近三十年,地震谣言造成严重社会秩序混乱和严重经济损失的事件就有四十多起。青少年不能把地震当作儿戏,另外当听到地震的消息要临危不乱,迅速做出正确判断,切不可采取跳楼等错误方式逃生。

二、安全建议

　　(1)通过各种途径了解地震的相关知识,掌握地震时的逃生方法。
　　(2)积极参加学校、社区组织的防震演练。

（3）关注地震前动物异常,如蛇出洞、狗吠狼嚎、猪牛跳圈等。

（4）关注地震前异常现象,地震发生前可能会有地光、地声、地面震动等现象。

（5）关注地震前地下水异常,如水发浑、冒泡、翻花、升温等现象。

（6）关注地磁场异常,家用电器如电视机、收音机、电磁炉等异常。

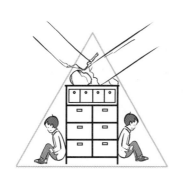

请记住"活命三角区"!

小震时,防砸伤,找掩蔽物

大震时,防压伤,找三角区

 小贴士

地震前兆谚语

牛羊骡马不进厩,猪不吃食狗乱咬;

鸭不下水岸上闹,鸡飞上树高声叫;

冰天雪地蛇出洞,大鼠叼着小鼠跑;

兔子竖耳蹦又撞,鱼跃水面惶惶跳;

蜜蜂群迁闹哄哄,鸽子惊飞不回巢;

临震前,一瞬间,地声隆隆地光闪;

大震将至要果断,迅速行动快避险。

地震演习

三、应对措施

（1）地震时，选择跨度小的开间躲避，如厕所、厨房或内墙角，以及结实的桌子、床等家具旁边。躲避时尽量蜷缩身体，降低身体重心，脸朝下，额头枕在双臂上，用湿毛巾捂住口鼻，抓住身边牢固的支撑物，防止在晃动中脱离保护，特别要注意保护头部。宿舍的避震空间主要有承重墙的墙根、墙角以及有水管和暖气管道的地方。

（2）地震时，不要跳楼，不要使用电梯，不要跑向人员拥挤的地方，不要躲在阳台上、窗户下，不要钻进柜子或箱子里。如果有可能，在两次震感之间迅速撤到室外。

（3）在教室、阅览室、实验室或者食堂等场所遇到地震时，要远离玻璃窗、实验器材、书架、陈列书目的橱窗；在食堂、礼堂等大型房间里如果没有合适的避震场所，要尽量躲在房子的承重水泥柱旁边。

（4）首次震感过后，要在老师或工作人员的指挥下迅速有序地向室外空旷地段撤离。撤离时要尽量避开人流，如不得已挤进人流，不要逆流行进，可把双手交叉放在胸前保护自己，用肩背承受外部压力，解开衣领扣保持呼吸通畅。

（5）如果恰巧在乘电梯时遇到地震，应立即将操作盘上各楼层的按钮全部按下，然后靠电梯内壁迅速蹲下，电梯一旦停下，迅速离开。万一被关在电梯中，可通过电梯中的专用电话与监控室联系求助。

（6）在户外遇到地震时，应迅速远离楼房，避开窄巷、路灯杆、广告牌、高压线、塔吊、烟囱等容易倒塌或掉落物品的危险地带。

地震时要迅速有序地向室外空旷地段撤离

（7）地震时，如果在加油站、化工厂或易爆有毒设施附近，应迅速向上风处转移，如果发现有害气体泄漏，要用湿毛巾捂住口鼻，迅速撤至安全地带。

（8）地震时，如果在山区野外，要避开容易出现山崩、地裂、泥石流、滑坡的山脚、山坡、陡崖。躲避时应向滚石滑落的两侧跑，或蹲缩在结实的障碍物、地沟、地坎下，注意保护好头部。

（9）地震时，如果在江边、河边、湖边、海边时，应迅速向陆地方向撤离，以躲避由地震引发的洪水、海啸。

（10）地震时，如果在立交桥、过街天桥等各种桥梁上，应迅速撤离至平地上。

（11）如果不幸被埋，要采取正确的自救措施：搬开身边可移动的碎砖瓦等，以扩大活动空间；设法用砖石、木棍等物品支撑残垣断壁，以防余震时再被埋压；闻到异味或灰尘太大时，设法用湿衣物或湿毛巾捂住口鼻；尽量判断出自己所处的位置，并向有光线和空气流通的方向移动；寻找并节约使用食物和水；要尽量保持体力，不要大声哭泣或乱喊乱叫；要注意聆听外面的声响，可以敲击水管、墙体、厨具、家具等引起救援人员的注意。

（12）成功逃脱后，如果身体情况允许，要伸出援助之手去救助废墟下的人：根据房屋结构，先确定被困人员的位置，扒挖时不要破坏原有的支撑结构，以防新的塌落物给被困者造成二次伤害；接近被困者时，应立刻停止用工具刨挖，戴上防护手套用手扒挖和清理；对一时难以救出的被埋者，应先建立通风通道，并为其提供水及流食，鼓励其坚持下去；对于被埋时间较长的幸存者，可输送牛奶等营养丰富的流食，同时要使他们的眼睛免受光的刺激；施救时切忌生拉硬拽。

（13）地震后河流、湖泊、水库、水井等地表水源会受到污染，饮用水要先消毒或煮沸；注意环境卫生和个人卫生，按照要求服用预防流行病的药物，避免传染病的爆发。

（14）幸存者灾后一定要注意心理上的放松，要把不良情绪表达出来，同时可以寻求心理救助。

（15）在地震期间，不要听信谣言，不要自我封闭，要多和朋友、亲戚、邻居、同学保持联系，交流感受。

 **本节思考题**

（1）地震有哪些前兆？

（2）发生地震时应该怎样做？

单元 7

饮食与卫生安全

"国以民为本,民以食为天,食以安为先"道出了饮食与卫生安全的重要性。我国是世界上美食最丰富的国家,然而食品卫生常常令人失望,时而发生危害国人健康的事件,例如"苏丹红鸭蛋""瘦肉精""地沟油"等,让人们在一些美食面前望而却步。美食给我们带来了无限享受与乐趣,但在享受美食带来惬意的同时,我们还要谨记"病从口入"的危害。很多疾病都与不科学、不合理饮食习惯有关,尤其是容易引起过敏和中毒的食物,一旦误食,后果将不堪设想。青少年对于饮食安全与卫生不能掉以轻心,要了解一些相关食品安全科学知识,建立食品安全方面独立、科学的判断能力,还要做到不食用对人体健康造成急性、亚急性或者慢性危害的食品。

7.1 饮水安全

水是生命的源泉,随着水处理技术的不断提高,我国居民饮用水的水质逐步得到改善,但由于种种原因,某些生活用水仍存在很多的不安全因素,尤其是入户终端的自来水问题更为突出。中国医促会健康饮水专委会主任李复兴教授指出:自来水的污染已经是全球性难题,很多国家包括欧美发达国家在内,都面临这一困境。而我国由于工业化初期对环保不够重视,水污染的情况更不容乐观。青少年要能正确地选择安全饮用水,做到科学饮水,避免饮水对健康造成不良危害。

一、案例警示

 案例回放

2000 年 9 月 28 日下午,柳铁防疫站接到柳铁局成人中专报告,该校当天饮用开水异常,口感略有酸甜味,用开水泡的茶水颜色较平时明显异常。实验人员迅速赶到现场调查,采取上午、下午两炉开水样品及炉前自来水返回实验室。经实验室排查分析,该污染

事故为锅炉软水剂即纯碱所致,该校开水桶的自来水充入桶后,通过燃烧锅炉产生的大量蒸汽经管道导入开水桶内直接加热成开水。如果锅炉水中含过量纯碱,当锅炉水处于高水位时,锅炉水中的碱就可以随水蒸气一起冲入开水,致使开水受污染。

案例解析

很多学生都会认为在学校喝锅炉房烧的开水是最安全的。其实不然,提醒青少年在学校期间注意饮水安全,一旦发现饮用水颜色、口感、气味等发生异常时要提高警惕,及时向学校有关部门反映,避免自己及他人饮用有毒害的水。

案例回放

2015年6月13日下午,刘刚与同学约好了打篮球,但突然有些腹泻。因为好面子,刘刚忍着腹痛坚持赴约。不知不觉他们就打了两小时的比赛,刘刚虽略显疲惫但为了本队胜利仍努力拼搏,在他跳投得分后,突然感觉全身无力、瘫倒在地。后经医生诊断,刘刚因为腹泻和大量出汗导致脱水。

案例解析

饮水不足或丢失水过多,均可引起体内失水。在正常生理条件下,人体通过尿液、粪便、呼吸和皮肤等途径丢失水,这些失水可通过足量的饮水来补偿。还有一种是病理性水丢失,如腹泻、呕吐等,这些水丢失严重的情况下就需要临床补液来补充。刘刚出现腹泻没有引起注意,病理性丢失水和皮肤大量出汗丢失水,加上大强度运动,导致其最后出现脱水。

运动后要及时补水

二、安全建议

(1)不饮用超过三天的"凉白开",储存过久的凉白开容易被细菌污染,在细菌作用下,亚硝酸盐也会与日俱增。

(2)饮水前要注意水质感官性状,即水的外观、色和气味,发现异常要提高警惕,避免误饮有毒有害水质。

(3)注意饮水机的日常消毒和清洁。

(4)热水壶中的水碱要及时清理。

(5)如装修改造用水设施,应选用饮用水专用管材。

(6)家里的自来水不能直接饮用,需烧开后饮用。

（7）要科学饮水。饮水要少量多次、主动，不能等感到口渴再喝水，饮水最好选择白开水；在运动时可以每 20～30 分钟喝一次水，每次喝 120～240 毫升。如果运动量很大，最好喝一些淡盐水或运动饮料。

 小贴士

白开水是最好的饮料

白开水不含卡路里，不用消化就能为人体直接吸收利用，促进新陈代谢，增进免疫功能，提高机体抗病能力。习惯喝白开水的人，体内脱氧酶活性高，肌肉内乳酸堆积少，不容易产生疲劳。

白开水是最好的饮料

三、应对措施

饮用水出现异常情况后要：

（1）立即拨打 96301 热线向卫生监督部门报告情况。

（2）在卫生监督部门的指导下妥当用水，或停止用水。

（3）用干净容器留取 3～5 升水作为样本，提供给卫生检测部门。

（4）如不慎饮用了被污染的水，应密切关注身体有无不适，如出现异常，应立即到医院就诊。

（5）一旦停水，则需要在接到政府部门有关水污染问题被解决的正式通知后，才能恢复使用。

本节思考题

（1）你口渴至极，回到宿舍发现桌上放着一瓶开盖的矿泉水，你会怎么做？

（2）饮用水出现异常情况该怎么办？

7.2 食品卫生

世界卫生组织对食品卫生的定义是：在食品的培育、生产、制造直至被人摄食为止的各个阶段中，为保证其安全性、有益性和完好性而采取的全部措施。食品安全事故是食物中有毒、有害物质对人体健康造成影响的公共卫生问题。食品中可能存在的有害因素按来源分四类：一是食品污染物。在生产、加工、储存、运输、销售等过程中混入食品中的物质；二是食品添加剂。为改善食品色、香、味等品质，以及为防腐和加工工艺的需要而加入食品中的人工合成或者天然物质；三是食品中天然存在的有害物质。如大豆中存在的蛋白酶抑制剂；四是食品加工、保藏过程中产生的有害物质，如酿酒过程中产生的甲醇、杂醇油等有害成分。食品卫生安全直接关系到青少年健康，青少年要了解食品卫生安全知识，养成良好的习惯。

一、案例警示

 案例回放

2015 年 1 月 15 日下午 2 时，成都市食品药品监督管理局在接到举报后，对成都市实业街一家火锅店进行了食品卫生安全突击检查。检查的过程中，食药监部门的工作人员发现这家火锅店没有定期对冰柜消毒，菜品也没有按照要求存放，除此之外，该火锅店还存在着一些卫生防疫不达标的现象，如店内有老鼠屎。最后，工作人员从堆放在厨房地上的陈汤老油锅底提取了一些样品回去检验，对此火锅店店进行罚款，并责令改正。

收了10元锅底费，尝尝味道如何！

吃火锅注意锅底卫生

 案例解析

火锅是中国独创的美食，近些年网络爆出火锅食品卫生问题不计其数，有消毒不合

格、废弃油脂处理不明确的,还有腐竹添加吊白块,牛杂、猪杂检出甲醛的,更有用几滴"香油精"和"火锅红",辅以基本辅料做火锅底料的。青少年要有辨别能力,还要有自控能力,尽量不去或少去便宜的自助火锅餐饮店就餐。

案例回放

　　徐丹在回学校的路上,很远就闻到香喷喷的烤红薯味道,正好自己肚子也饿了,就准备买两块吃。在小贩称红薯的空当,徐丹无意发现烤红薯铁桶上赫然印着"石油"两字,虽然小贩有意用编织袋掩饰了,但还是能辨别出来。徐丹心想这不是毒桶烤出来的红薯吗,于是就问小贩,"你烤红薯用的桶哪里来的?"小贩直言不讳地告诉他,是从废品站收购的,并一再承诺他洗干净了。徐丹最后以没带钱为由,赶紧离开了。

案例解析

　　细心的人仔细观察就会发现,街边烤红薯用的铁桶炉大多是化工原料废桶改制的,不少化工原料含有可能危害人体健康的成分,有些在高温条件下慢慢挥发,附在红薯表皮,很不卫生。另外,燃烧碳中的有毒物质会污染食物,街边的烤红薯也没有任何防尘卫生设施,还有甚者用变质红薯烤制,吃了不仅会影响健康,还有可能造成急性中毒。建议青少年不要随意吃路边饮食。

二、安全建议

1. 就餐卫生

　　(1)养成饭前、便后洗手的好习惯,还要经常剪指甲,降低病从口入的风险。

　　(2)自己的餐具要洗净消毒,不用不洁净的餐具盛装食品。在外用餐注意餐具卫生,经过消毒处理的餐具具有光、洁、干、涩特点。塑料包装的套装小餐具,应标明餐具清洗消毒单位名称、详细地址、电话、消毒日期、保质期等。

注意饮食安全

（3）要选择有许可证、信誉等级较高的餐饮服务单位，还要观察餐馆是否超负荷运营，超负荷运营会导致超负荷加工，给食品安全埋下隐患。

（4）辨别食物状况是否变质，是否有异物或异味。颜色异常鲜艳的食物，可能是添加了非食用物质或超量、超范围使用食品添加剂。

（5）不吃违禁食品，少吃或不生食海产品。

（6）夏季避免过多食用凉拌菜等易受病原菌污染的高风险食物。

（7）胃肠道功能欠佳，应避免食用冷饮、海鲜、辛辣、高蛋白等刺激胃肠道或不易消化的食品。

（8）注意饮食卫生，尽量少吃路边摊。

2. 小食品卫生

（1）选用大企业做出来的食品。

（2）到正规商店、超市购买食品。

（3）购买零食时要注意包装上的标识是否齐全。

（4）仔细查看食品成分表中注明的成分，尽量不要食用含有防腐剂、色素的食品。

（5）正确辨认各类标志。QS 是 Quality Safety（食品安全）的缩写，带 QS 标志产品代表已经国家批准。

（6）打开包装后，不要着急吃，要先检查食品是否具有正常外观感应，不食用腐败变质、霉变、生虫、混有异物等食品。

（7）买散包装食品，要看经营者的卫生状况，注意有无健康证、卫生合格证等。

（8）理性购买"打折""低价""促销食品"。

（9）要妥善保存好购物凭据，以便发生消费争议时能够提供证据。

（10）不盲从广告，广告宣传并不代表科学。

 小贴士

"七防"判断伪劣食品

（1）防"艳"。对颜色过分艳丽的食品要提防，可能是添加了大量色素所致。

（2）防"白"。凡是食品呈不正常不自然的白色，大多是因为加了漂白剂、增白剂、面粉处理剂等化学品。

（3）防"长"。尽量少吃保质期过长的食品。

（4）防"反"。就是防违反自然生长规律的食物，如果食用过多可能对身体产生影响。

（5）防"小"。要提防小作坊式加工企业的产品，大部分触目惊心的食品安全事件出现在这些企业。

（6）防"低"。即在价格上明显低于同类正规食品，这种食品大多都有"猫腻"。

（7）防"散"。即防范散装食品，有些集贸市场销售的散装豆制品、散装熟食、酱菜等尽量少吃。

三、应对措施

如果食用某种食品后感觉身体不适，一定要及时就医，以免发生更大的伤害。就餐时发现食品卫生问题,要立即停止用餐,可通过拨打投诉电话12331对餐饮单位进行投诉举报,也可通过登录国家食品药品监督管理总局行政事项受理服务和投诉举报中心网站(12331.org.cn)进行投诉举报和查询。

 **本节思考题**

(1) 选用小食品时应注意哪些事项?

(2) 就餐时发现食品卫生问题应如何处理?

7.3　食物中毒

食物中毒指摄入含有生物性、化学性有毒有害物质的食品,或者把有毒有害物质当成食品摄入后所引起的非传染的急性、亚急性疾病。食物中毒事件时有发生,仅2014年,我国卫计委就收到26个省区市的食物中毒类突发公共卫生事件报告160起,中毒5657人,其中死亡110人。学校食堂是事故报告较多的场所,所以青少年掌握食物中毒的预防与自救常识非常重要。

一、案例警示

 **案例回放**

2015年12月2日晚,东北大学有学生到校医院就诊,症状为不同程度的腹泻,个别学生出现呕吐。截至12月3日上午9时,有8人留院观察,没有出现严重症状。学校第一时间与疾控中心取得联系并进行了流行病学调查。同时,还积极采取防范措施,在市场监督管理部门指导下,连夜对食堂环境、工具容器进行彻底消毒,对食品卫生进行严格检验,确保师生饮食安全。

食物中毒临床表现为上吐、下泻、腹痛为主的急性胃肠炎症状

案例解析

食物中毒一般具有潜伏期短、时间集中、突然爆发、来势凶猛的特点,临床上表现为上吐、下泻、腹痛为主的急性胃肠炎症状,严重者可因脱水、休克、循环衰竭而危及生命。青少年一旦发生食物中毒,千万不能惊慌失措,应冷静地分析发病的原因,及时就医或采取催吐、导泻、解毒的措施。

案例回放

2012年11月3日,彭女士在富民县城一家小吃店里买了六两油炸螃蟹回家。晚上,母子俩吃过螃蟹不久便睡下了,第二天凌晨3点左右,彭女士和儿子都出现了肚子疼、腹泻、头昏和呕吐的症状。彭女士丈夫下班回家后,立即将母子俩送往富民县医院抢救。不幸的是,彭女士在当天经抢救无效死亡,小杰被转到昆明医学院第二附属医院抢救,最终脱离了生命危险。

案例解析

螃蟹在垂死或已死时,体内的组氨酸会分解产生组胺,组胺是一种有毒物质,即使螃蟹煮熟,这种毒素也很难被破坏,人在食用后,会出现恶心、呕吐、腹痛、腹泻等症状,严重者会上吐下泻,人体因失水过多导致虚脱,甚至威胁生命。案例中彭女士和小杰就是食用了没有质量保证的螃蟹而发生食物中毒,最终导致彭女士丢失性命。提醒青少年不食用不新鲜、未煮熟的螃蟹,至于死、腐烂的螃蟹更是不能食用。

二、安全建议

1. 预防细菌性食物中毒

细菌性食物中毒是指进食含有细菌或细菌霉素的食物而引起的食物中毒。预防要做到:

生熟食品不要共用同一砧板、餐具

（1）避免熟食品受到各种致病菌污染。如避免生食品与熟食品接触，经常洗手，防止尘土、昆虫、鼠类及其他不洁物污染食品。

（2）控制适当温度，保证杀灭食品中微生物或者防止微生物生长繁殖。如加热食品应使中心温度达到 70℃ 以上。

（3）尽量缩短食品存放时间，不给微生物生长繁殖的机会。

（4）不购食无卫生许可证和营业执照的小店或路边摊上的食品。

2. 预防化学性食物中毒

化学性食物中毒是指误食有毒化学物质，如鼠药、农药、亚硝酸盐等，或食用被其污染的食物而引起的中毒。预防化学性中毒建议：

（1）严禁食品储存场所存放有毒、有害品及个人生活物品。鼠药、农药等有毒化学物品要标签明显。

（2）不随便食用来源不明的食品。

（3）蔬菜加工前要用清水浸泡 5～10 分钟，再用清水反复冲洗，一般要洗三遍。

（4）水果宜洗净后削皮食用。

（5）手接触化学物品后要彻底洗手。

（6）苦井水（亚硝酸盐含量过高）勿用于煮粥，尤其勿存放过夜。

（7）不吃添加了防腐剂或色素而又不能确定添加量的食品。

（8）食堂应建立严格安全保卫制度，防止坏人投毒。

3. 预防有毒动植物中毒

有毒动植物中毒是指误食有毒动植物或摄入因加工、烹调方法不当未除去有毒成分动植物食物所引起的中毒。易引起食物中毒的食物有：

（1）四季豆。未熟的四季豆含有皂甙和植物凝血素可对人体造成危害，如进食未烧透的四季豆可导致中毒。

（2）生豆浆。生大豆中含有一种胰蛋白酶抑制剂，进入机体后抑制体内胰蛋白酶的正常活性，并对胃肠有刺激作用。

（3）发芽马铃薯。马铃薯发芽或者变绿时，其中的龙葵碱大量增加，烹调时又未能去除或破坏掉龙葵碱，食后容易发生中毒。

（4）河豚。河豚的某些脏器及组织中均含河豚素毒，其毒性稳定，经炒煮、盐淹和日晒等均不能破坏。

（5）有毒蘑菇。我国有可食蘑菇 300 多种，毒蘑菇 80 多种，其中含剧毒素的有 10 多种，常因误食而中毒。

（6）蓖麻子。蓖麻子含蓖麻毒素、蓖麻碱和蓖麻血凝素 3 种毒素，以蓖麻毒素毒性最强。1 毫克蓖麻毒素或 160 毫升蓖麻碱可导致成人死亡。

（7）马桑果。又名毒空木、马鞍子、黑果果、扶桑等，其有毒成分为马桑内芷、吐丁内酯等。

（8）未成熟的西红柿。未成熟的西红柿含有生物碱，人食用后可导致中毒。

（9）加热不彻底的鲜黄花菜。黄花菜也叫金针菜，当人进食多量未经煮泡去水或急炒加热不彻底的鲜黄花菜后,会出现急性胃肠炎。

（10）新鲜的蚕豆。有的人体内缺少某种酶,食用鲜蚕豆后会引起过敏性溶血综合症。

 小贴士

食物中毒急救口诀

食物中毒猛于虎,上吐下泻好痛苦,同吃同拉真无助,催吐导泻留"证物"。

三、应对措施

食物中毒症状以恶心、呕吐、腹痛、腹泻为主,往往伴有发烧,吐泻严重的还可能发生脱水、酸中毒,甚至休克、昏迷等症状。一旦有人出现这些症状,首先立即停止食用可疑食物,同时拨打120急救,在急救车来之前可以采取以下自救措施。

（1）催吐。如果进食的时间在1～2小时内,可使用催吐的方法。立即取食盐20克,加开水200毫升,冷却后一次喝下。如果无效,可多喝几次,迅速促使呕吐。亦可用鲜生姜100克,捣碎取汁用200毫升温水冲服。如果吃下去的是变质的荤食,则可服用十滴水来促使迅速呕吐。

（2）导泻。如果病人吃下去食物时间已超过2～3小时,但精神仍较好,则可服用泻药,促使受污染的食物尽快排出体外。一般用大黄30克一次煎服,老年患者可选用元明粉20克,用开水冲服,即可缓泻。体质较好的老年人,也可采用番泻叶15克,一次煎服或用开水冲服,也能达到导泻的目的。

（3）解毒。如果是吃了变质的鱼、虾、蟹等引起的食物中毒,可取食醋100毫升,加水200毫升,稀释后一次服下。此外,还可采用紫苏30克、生甘草10克一次煎服。若是误食了变质的防腐剂或饮料,最好的急救方法是用鲜牛奶或其他含蛋白质的饮料灌服。

（4）保留食物样本。确定中毒物质对治疗来说至关重要,要保留导致中毒的食物样本,以提供给医院进行检测。如果身边没有样本,可以保留患者呕吐物或排泄物,以方便医生确诊和救治。

（5）炊具、餐具、容器等要进行全面、彻底地清洗和消毒,以防食物中毒的再次发生。

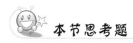 **本节思考题**

（1）怎样预防细菌性食物中毒?
（2）食物中毒后如何自救?

7.4 暴饮暴食

暴饮暴食,顾名思义,就是一次性吃喝很多事物。这是一种不良的生活习惯,会给人的健康带来很多的危害,甚至会发展成暴食症。而暴食症属于进食障碍的一种,还被称为

"神经性贪食症",会不可控制地多食、暴食。暴饮暴食会导致肥胖、肠胃、肾病、神经衰弱甚至癌症疾病等。

一、案例警示

2015 年 11 月,曹某去朋友家做客。晚饭过后,他又吃了四包薯片、两袋泡面,还喝了三瓶可乐。到了后半夜,小曹的肚子开始隐隐发胀,翻来覆去无法入睡。等到第二天早晨,他满头大汗,脸色发白地跑进当地余杭区五院急诊科。急诊科夏医生检查发现,小曹心跳明显加速、血压也忽高忽低;腹部拍片显示,小曹的胃泡胀大成正常人的 3 倍,肠腔胀气也很明显。夏医生马上给病人插了胃管,管子里"滋滋滋"地冒出大量气体,其中还夹杂着糨糊般黏稠的液体及食物残渣。排了 3 小时后,小曹的疼痛才渐渐退去,心跳、血压也恢复了正常。

我感到有些难受

合理进食

经医院诊断证明,曹某得的病是急性胃扩张,原因是暴饮暴食,特别是喝了大量碳酸饮料,导致胃部二氧化碳积聚。冬季,很多人喜欢吃淀粉含量高的食物,比如年糕、土豆、红薯、芋头等,这些食物黏性大,在胃里难消化,如果再同时喝下很多碳酸饮料,就可能会诱发急性胃扩张。如果情况严重,可能会导致胃穿孔,引发腹膜炎,需要通过手术,进行胃部切除,更严重的甚至有生命危险。大家临睡前尽量不要进食,尤其避免饮用大量碳酸饮料。特别是吃火锅等辛辣食物时,容易口渴多喝饮料,这样也会加重胃部负担。

 案例回放

16 岁的王珊,身高 1.65 米,体重 50 千克,虽然不胖,但爱美之心促使她决定节食减肥。两个月后,她的体重降到了 40 千克左右。由于父母强烈反对王珊减肥,她就停止节食,但她再也控制不住自己的食量,这种行为严重地影响了她的学习,她不得不休学在家,并做手术植入芯片,以控制饮食。

注意控制饮食

 案例解析

进食障碍是以反常摄入食物行为和心理紊乱为特征,并且伴有显著体重改变或生理功能紊乱的一组综合征,包括神经性贪食症、神经性厌食症、神经性呕吐以及一些不典型的精神障碍。过度节食后,机体的调节反应、水电解质、营养物质失衡,体内神经递质紊乱。即使是需要减肥的人,也不是单纯地不吃,要设计一个科学的饮食控制方案。

二、安全建议

(1) 合理安排一日三餐的时间和食量,荤素搭配,补充所需营养和能量。

(2) 朋友聚会时一定要提高自控能力,饭菜适量,酒水适度。

(3) 节假日饮食更要提高警惕,适当控制零食,少吃不易消化的食物。

(4) 不盲目减肥,不过度降低体重。

(5) 吃饭时要细嚼慢咽,不过快进食。

(6) 少喝碳酸饮料,尤其是在吃饱以后。

(7) 进餐时要端正坐姿,做到不压胃,使食物由食道较快进入胃内。

(8) 尽可能不极度饥饿时进食,因饥饿时食欲更强,容易一下子吃得特别多,造成身体不适。

(9) 先吃喜爱的食物,情绪上的满足会使你较快地产生饱胀感,从而避免进食过量。

(10) 睡前不要吃东西。睡前吃东西,肠胃不能充分休息,易导致胃病和影响睡眠,但

不要暴饮暴食

睡前喝杯热牛奶是可以的。

(11) 食盐不宜过多,盐摄入过多,易导致高血压。

(12) 不宜一边看电视一边进食。看电视易使饮食时间过长,不知不觉就吃多了。

 小贴士

健康饮食口诀

管住嘴,迈开腿,多喝水,严防病从口入;

早吃好,午饭饱,晚吃少,切忌暴饮暴食。

三、应对措施

暴饮暴食后,如果感觉身体不适,要立即到医院治疗,以免发生更大的伤害。如果暴饮暴食成瘾,要主动请求同学、老师和家长的帮助,使自己建立正确的饮食观念。可以求助心理老师或心理医生帮助治疗。

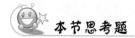 本节思考题

(1) 你有过暴饮暴食的经历吗?是否有过因暴饮暴食而感觉身体不适?

(2) 如果你的朋友暴饮暴食,你会如何帮助他?

7.5 吸烟酗酒

众所周知吸烟危害健康,俗话说"点燃的是烟,燃烧的是健康",烟草中含有 3000 多种对人体有害的化学物质,其中有 40 多种是致癌物质。烟雾中的尼古丁是一种中毒性兴奋麻醉物质,能兴奋和麻醉中枢神经,可使血管痉挛、血压升高、心率加快、损害支气管黏膜等,进而诱发心绞痛、支气管炎、肺气肿等疾病,严重者使脑血管发生血栓或破裂,引起偏

瘫或致命。烟雾中的焦油具有显著的致癌和促癌作用。烟雾中的一氧化碳被吸入人体后能损害血液循环中红细胞的携氧能力,造成人体组织和器官慢性缺氧,促使心、脑血管疾病的发生。

酗酒是一种异常的行为,对健康的危害极大,长期过量饮酒会损害食管和胃,引起胃黏膜充血、肿胀和糜烂,导致食管炎、胃炎、溃疡病。酒精主要在肝内代谢,因此对肝脏的损害特别大,肝癌的发病与长期酗酒有直接关系。酒精影响脂肪代谢,升高血胆固醇和甘油三酯,使心脏发生脂肪变性,大量饮酒会使心率加快,血压急剧上升,极易诱发脑卒中。长期酗酒还会造成身体中营养失调,引起多种维生素缺乏症。另外,醉酒后还容易引发社会性问题,影响社会的正常秩序。

青少年学生要学习和掌握吸烟、酗酒的危害,做到不吸烟、不酗酒,并劝阻身边吸烟酗酒的人戒烟限酒,养成健康的生活习惯。

一、案例警示

小林是福建某学院 2003 级建筑系学生,小杨是该学院 2005 级计算机系学生。某天晚上,小林与几位同学,到校外喝酒,此时,小杨也正与几位同学在附近喝酒。两拨人喝得酒酣耳热,因嫌对方喝酒说话声大,发生了争吵并相互推搡,被劝开后,双方都准备离开,又发生口角并引发搏斗。小林冲向小杨,朝小杨的面部来了一拳,小杨当即后脑着地倒下,小林对倒下的小杨又是一阵殴打。之后,小杨被送往医院抢救,结果因伤势过重变成植物人,而小林家人赔偿给小杨家 30 万元,小林因故意伤害罪被判刑。

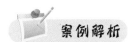

酒精具有麻醉作用,醉酒后会让人行不知所往,处不知所持,食不知所味,使人变得野蛮、愚昧、粗暴,这种失去理智的状态很容易使人对周围人进行谩骂、殴打,或者从事一些莫名其妙的活动。案例中小林和小杨就如此,最后都成为酒后事故的受害者,一个成为植物人,一个受到法律的制裁,双方家庭都遭受了巨大打击。青少年要引以为戒,做到饮酒适度,保持个人健康,避免酒后发生意外。

张凯就读于北京某高校,平时有吸烟的习惯。2005 年 12 月 24 日上午,张凯正躺在床上吸烟,突然觉得肚子有点饿,扔掉烟头就去食堂买饭吃。回来后发现公寓楼下围了很多同学,抬头一看才发现宿舍的窗户冒出浓烟。张凯心中燃起一种不祥预感,赶紧跑回宿舍,看到门口堆着一床被褥,上面有两个火烧的大黑窟窿,楼道内充斥着焦糊的味道。果真是张凯的烟头引起的事故,幸亏舍友及时发现,将点燃的被子拖出宿舍用冷水浇灭。事后校方对张凯进行了批评教育。

 **案例解析**

我国每年有 100 多万人死于吸烟相关疾病,约 10 万人死于二手烟暴露导致的相关疾病。案例中张凯在宿舍吸烟,不仅危害了自己的健康,还危害了舍友们的健康。张凯躺在床上抽烟是一件极其危险的事情,另外,他出门前没有确保烟头被掐灭,最后造成床铺着火,幸亏同学发现及时,否则后果不堪设想。

二、安全建议

1. 禁酒与预防酗酒

(1) 不把不会喝酒当作一种遗憾,做到始终如一地禁酒,注意以下几点。

① 开席即称自己不会喝酒。

② 拒绝要有礼貌,但态度要坚决,不让人产生"在讲客气"的错觉。

③ 主动倒上一杯饮料或茶水作陪,不喝酒是一种权力,态度要大方。

不要酗酒

(2) 饮酒者无论是自饮还是群饮,都不要忘了"节制""适度",同时注意以下几点。

① 饮酒之前少量进食,空腹酗饮容易醉倒。

② 要尽量避免"干杯",低酌浅饮并不失风雅。

③ 量力而行,适可而止,清楚自己的酒量。

(3) 多人在一起喝酒,最容易发生酗酒和醉酒现象。醉酒后往往会出现直言快语、豪言壮语、胡言乱语和不言不语的情景,群饮者要相互关照,知己知彼,当止则止,以免失节,产生不良后果。

2. 青少年养成不吸烟的习惯,如果已经开始吸烟,提供以下几种戒烟方法

(1) 在嘴上涂抹自己讨厌的味道,使人体对香烟的味道产生反感从而戒烟。

（2）将戒烟的好处写在纸上，经常阅读。

（3）将自己很想买的东西写下来，按其价格计算相同数量价钱对应香烟的花费。

（4）跟朋友打赌，保证戒烟，接受朋友的监督。

（5）不整条买烟，减少购买烟的数量。

（6）不随身带烟、火柴、打火机。

（7）经常思考烟雾中毒素对肺、肾和血的伤害。

（8）逐渐延长两次吸烟之间的时间间隔，从而降低吸烟的频率。

（9）万事开头难，一旦决定戒烟，就从决定的那一刻起不再碰烟。

（10）让香烟、烟灰缸、打火机等与烟有关的物品消失在自己的生活中。

（11）不要去以前经常吸烟的场所，避免惹起烟瘾。

（12）万一真忍不住，就立刻做其他的事转移注意力。

 小贴士

吸烟危害健康

吸烟上瘾，始于消遣。百害无益，人人知然。

一损咽喉，咳嗽痰喘。二损心肺，呼吸困难。

三损肠胃，食味不甘。四损口腔，臭气人嫌。

五损形象，萎靡不堪。六损财源，浪费金钱。

七损人和，常起事端。八损环保，空气污染。

九损世风，有伤体面。十损幼教，贻害家园。

三、应对措施

一旦发现有人饮酒过量，应立即阻止其继续饮酒，对于醉酒者，使其保持平躺，用湿毛巾蒙住额头，安静休息，并饮用温开水加少许醋。如果有呕吐反应，则直起身任其呕吐；倘若吐不出来，可用手指伸进喉头强迫呕吐。千万注意，不要让秽物堵塞气管，以免窒息死亡。如果呕吐物中带血，或有其他严重的症状，应该立即到附近医院救治，以免造成更大的伤害。

 本节思考题

（1）小明平时不喝酒，一次同学聚会上，五年没见的同学敬他一杯并说"今天特殊，喝一杯不妨碍"，假如你是小明，应该怎么做？

（2）结合实例，谈谈怎样才能有效地戒烟？

7.6　远离毒品

毒品是指鸦片、海洛因、甲基苯丙胺（冰毒）、吗啡、大麻、可卡因以及国家规定管制的其他能够使人形成瘾癖的麻醉药品和精神药品。《中华人民共和国刑法》和《中华人民共和国禁毒法》对贩卖毒品、非法持有毒品、容留他人吸毒、引诱、教唆、欺骗他人吸毒、强迫他人吸毒等行为做出了明确的刑罚。吸毒不仅触犯刑法,危害健康,还会损耗大量的钱财,甚至造成家破人亡。2014年犯罪形势分析及2015年预测报告显示,中国每年消耗毒品总量近400吨,因毒品而消耗的社会财富超过5000亿元人民币,间接损失超过万亿元。其中青少年吸毒十分严重,35岁以下的吸毒青少年占登记在册吸毒人员总数的75%,由此酿成自杀自残、暴力杀人、驾车肇事等极端案件屡有发生。青少年对各种诱惑充满好奇,但在面对毒品时要理性判断利害,拒绝毒品带来的任何诱惑,保障自己的成长之路顺畅、美好。

一、案例警示

案例回放

17岁的小陈与父母的交流沟通很少,经常逃学,还总是跟那些同样经常逃学的"小伙伴们"混在一起。由于小陈不缺钱花,"小伙伴们"总是围着他转悠,还介绍了一些社会朋友跟他认识,就这样,小陈开始受邀参与到吸食新型毒品的群体中。渐渐地,小陈开始成天不上学,和"毒友"们厮混一起。直到被父母发现,将其送进了潮州市强制戒毒所。

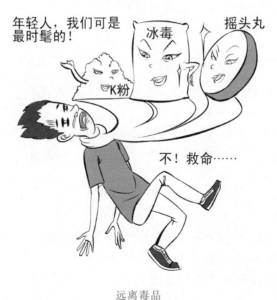

远离毒品

案例解析

青少年吸毒无非有三个主要原因:①好奇心强,往往容易对"神秘""奇特"的毒品产生兴趣,存在"试一把""玩一次"的侥幸心理。②被朋友拉下水,部分涉毒青少年由于涉世未深,辨别是非能力差,在吸毒者的鼓吹和欺骗下,误把吸毒当作是一种时髦和潮流。③寻求另类刺激,有的青少年过早地离开校园或者缺少家庭温暖,产生逆反和自暴自弃心理,往往通过吸烟吸毒寻求刺激和享乐。案例中小陈与父母缺乏沟通,加上对毒品危害性认识不足,被引上吸毒之路,幸好家长发现及时,将其送到戒毒所,没有造成更严重的后果。

远离毒品

2010年7月5日,桂林市灌阳县民族中学初中一年级的陈娇,放学回到家中,坐在客厅的沙发上看电视。陈娇的母亲正在厨房准备午饭,突然听到扑通的一声,赶紧跑到客厅看出了什么情况。只见陈娇已从沙发上面掉到了地上,口吐白沫,四肢抽搐,神志不清,妈妈马上把她扶在沙发上,拨打了120急救电话。送到医院经过几个小时的抢救,也没留住陈娇的生命,最后医院认定陈娇是过量吸食K粉而导致呼吸循环衰竭,最终死亡。事后灌阳县公安局民警为陈娇做了尿检,同样证明她曾吸食毒品K粉。

吸毒会对大脑神经细胞产生直接损害,导致神经细胞坏死,出现急慢性精神障碍,导致吸毒者全身骨骼肌痉挛、恶性高热、脑血管损害、肾功能严重损伤、急性心肌缺血、心肌病和心律失常,有的会因高度兴奋而痉挛性收缩造成心肌断裂,加速死亡。案例中陈娇就是由于过量吸食K粉而导致呼吸循环系统衰竭,最终死亡,青少年要能认清吸毒的危害,提高防毒意识,避免受到毒品的毒害。

二、安全建议

(1) 不结交吸毒、贩毒行为的朋友,不听信他们的谗言。

(2) 不进入治安差的场所,如歌厅、网吧等,如果出入娱乐场所,与陌生人接触要谨慎,不接受陌生人提供的香烟、饮料,离开座位要有人看好饮料、食物,不接受摇头丸、K粉等兴奋剂。

(3) 不虚荣、不寻求刺激、不赶时髦、不追求所谓的享受。

(4) 不轻信毒品可以治病、摆脱痛苦和烦恼的花言巧语。

(5) 养成良好的习惯,不滥用减肥药、兴奋剂等药品。

(6) 了解毒品的种类及危害,不以身试毒。

我对毒品说不

 小贴士

海洛因成瘾

海洛因成瘾有三个基本过程：一是耐药作用。当反复使用某种毒品时，机体对该毒品的反应性减弱，药效降低，为了达到与原来相等的药效，就要逐步增加剂量。二是身体依赖。在使用了一些毒品后，若突然停止吸毒，就会引起一系列综合症状，例如，若对海洛因上瘾，一旦停止使用就会流鼻涕，可能会感冒、发烧、腹泻或出现其他症状。三是心理依赖。是指由于使用毒品产生特殊的心理效应，在精神上驱使其表现为一种定期连续用毒的渴求和强迫行为，以获得心理上的满足和避免精神上的不适，正所谓"一朝吸毒，十年戒毒，终生想毒"。

三、应对措施

(1) 有人向自己贩卖毒品时，要婉言拒绝，并及时报警。

(2) 在不知情的情况下，被引诱、欺骗吸毒后，要主动向老师和学校报告，自觉接受家长及社会有关部门的监督戒除及康复治疗。

(3) 三种戒毒方法。

① 自然戒断法。强制中断吸毒者的毒品供给，仅提供饮食与一般性照顾，使其戒断症状自然消退而达到脱毒目的。

② 药物戒断法。给吸毒者服用戒断药物，以替代、递减的方法，减缓、减轻吸毒者戒断症状的痛苦，逐渐达到脱毒的戒毒方法。

③ 非药物戒断法。采用针灸、理疗仪、心理暗示等，减轻吸毒者戒断症状反应。

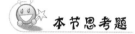 本节思考题

（1）假如你在KTV碰到一个推销酒水，并让你免费品尝的人，你会怎么做？

（2）如果你发现身边某一个朋友在吸毒，你会怎么做？

7.7 动物伤害

近年来，城市、乡村家庭饲养猫、狗等宠物的数量明显增多，很多人视宠物为"忠实的朋友和伴侣"。但宠物还是会带有野性的，若发起狂来，也可能会给人带来致命的伤害。另外，随着社会的发展，户外休闲运动已成为人们节假日出游的重要选择之一，在郊外游玩的过程中，有可能会被毒蛇、蜈蚣、黄蜂、毛虫等咬伤（蜇伤或刺伤），轻者可不治自愈，重者可因这些毒物的毒素导致过敏性休克或急性肾衰竭等中毒危症，甚至造成死亡。为了维护自身安全，掌握预防和处理动物致伤的方法，既可以使我们远离危险，也可以把握宝贵的救援时机，提高动物致伤后的生存概率。

一、案例警示

 案例回放

2013年7月，北京市疾控中心接到1例狂犬病死亡病例的报告。在日常生活中，患者与该犬多接触密切，经常以口喂食，曾有犬咬伤史，无狂犬疫苗接种史。

 案例解析

据统计，每年全世界有6万人至7万人死于狂犬病，平均每10分钟狂犬病就会夺去一条生命。我国是狂犬病发生较严重的国家，就北京而言，2005年至2015年，北京已连续11年发生狂犬病，导致60人死亡。因此，青少年在养狗或接触狗时要注意卫生安全，预防疾病传染上身。

 案例回放

2008年11月，重庆市万州区李某驾驶摩托车载着3位家人到相邻的岳溪镇上赶集，行至岳溪镇某处时，被一群巨大的马蜂袭击，造成3人死亡，1人重伤。

 案例解析

在户外活动时，应首先做好防范措施，避免被蛇、虫等动物咬伤。如果被动物致伤，尤

其是被有毒的动物致伤,一定要抓紧时间,就地处理,这一点非常关键,因为大部分伤者体内的毒素会在几分钟内发作。处理伤口时,要迅速清洗伤口并及时清除毒素残留,尽量避免静脉血和淋巴液回流到心脏,然后立刻到就近的医院救治。

二、安全建议

1. 猫、狗致伤

(1)经常接触猫、狗等可能携带狂犬病的高危人群,应接种狂犬病疫苗,以便在受到犬等动物的攻击时,身体出现快速免疫反应,中和与阻止狂犬病毒入侵,即使咬伤严重也只需加强狂犬疫苗注射;遇上未察觉的犬伤,体内也早有抗体保护。

当心被狗咬伤

(2)不要在陌生的环境中和动物玩耍,更不要挑逗陌生的动物,因为动物对陌生的环境或人敏感,容易因自我防卫而变得不友好。

(3)与不熟悉的动物要保持距离,即使是熟悉的动物,主人不在时也要与其保持距离。

(4)不在城市内饲养大型犬,出门遛狗时要带束犬绳,并定期为家人和爱犬注射疫苗。

(5)不抓狗尾巴,提防其转身咬手。

(6)向动物表示自己的友好时,应该保持身体正直,然后慢慢伸出手,轻轻触摸动物。

(7)动物在进食和睡觉时千万别去招惹,以免激怒它们。

(8)见到野狗或无主人牵引的狗,应尽快远离它们。

(9)不要让宠物舔人的口腔、眼睛等黏膜,或有皮肤破损的地方。

(10)动物逼近时要保持冷静,看着动物,慢慢地、静静地后退。但是不要直视动物的眼睛。

(11)观察动物进攻前发出的信号,如躬背、背毛竖起、龇牙咧嘴、尾巴高高竖起等。

2. 蛇或毒虫致伤

(1)不要单独在野外行动,以确保自己在遭遇危险时能及时获得同伴的帮助。

（2）出游时随身携带必要的药品，以应对突发状况。

（3）在野外活动时尽量不要将手臂、下肢等部位暴露在外边，尽量穿长衣长裤，必要时应穿长筒靴。

（4）不要捅马蜂窝，或招惹马蜂，远离有马蜂窝的地方。

（5）全身抹上或喷上防蚊油，可以有效驱赶毒虫。

（6）一旦在野外被动物咬伤、蜇伤或刺伤，要保持镇静，并及时处理伤口。

（7）在野外过夜时，必须住在帐篷中，并将周围的野草拔除，乱石搬走，并在四周喷洒杀虫药物。

（8）在野外行进时，随身携带棍棒或手杖，边走边敲打地面，可以预先赶走蛇虫。

（9）经常在有蛇出没的野外作业时，最好随身携带蛇药以备不时之需。

（10）掌握区分有毒蛇和无毒蛇的方法以及被咬伤后处理伤口的措施。

 小贴士

狂　犬　病

狂犬病是一种人畜共患疾病（由动物传播到人类的疾病），由一种病毒引起。狂犬病感染家畜和野生动物，然后通过咬伤或抓伤，经过与受到感染的唾液密切接触传播至人。除南极洲以外，其他各洲都存在狂犬病，但95%以上的人类死亡病例发生在亚洲和非洲。一旦出现狂犬病症状，几乎总会致命。

三、应对措施

1. 猫、狗致伤

（1）遇到恶犬攻击时，如果手边恰好有"挡箭牌"，如背包、自行车等，可以把它们挡在你和动物之间，也可就近抓起石头、木棍等物品，或迅速攀爬至高处。

（2）如果恶犬已咬到你的手臂，不要尝试硬把手拉出，这样做只会让它咬得更紧，此时应用另一只手使劲猛击恶犬的喉咙，直至它松口为止。

（3）如果被咬的伤口只在皮肤表面，虽然没有出血，也要马上用清水、肥皂或双氧水反复清洗伤口，以防伤口发生感染。

（4）如果被咬伤或抓伤部位出血，应立即按压伤口处，尽量使含有病毒的血液流出，同时用大量肥皂水、盐水或清水多次反复冲洗伤口，将沾污在伤口上的血液和猫狗唾液冲洗干净，冲洗时间最好在半小时以上，然后马上去医院进行检查和处理。

（5）被猫、狗抓伤后，一定要在24小时内注射狂犬病疫苗，以便阻断病毒进入神经末梢，防止上行感染。

（6）除个别伤口大，又伤及血管需要止血的情况以外，切勿包扎伤口或上药，因为狂犬病病毒会因缺氧而大量生长。

（7）被猫、狗等抓咬后，应注射狂犬病疫苗或狂犬病抗毒血清。在注射疫苗期间，不要饮酒、喝浓茶或咖啡，也不要吃有刺激性的食物，如辣椒、葱、大蒜等。同时要避免受凉、剧烈运动或过度疲劳，防止感冒。

（8）如果被动物攻击，并被扑倒在地，应该蜷起身子呈球状，护住自己的头和脖子。

（9）狂犬病病毒的抵抗力较弱，对脂溶剂敏感，容易被紫外线、季胺化合物、碘酒、高锰酸钾、酒精、甲醛、肥皂水等灭活，100℃加热 2 分钟即使狂犬病病毒死亡。

2. 蛇或毒虫致伤

（1）被蜈蚣咬伤，应用 3％氨水或 5％的碳酸氢钠液冷湿敷，伤口周围敷以溶化的蛇药片。也可以立即用 5％的碳酸氢钠或肥皂水、石灰水冲洗，不可用碘酒。

（2）被蝎子蜇伤，如果伤口在四肢，应在伤口靠近心脏一侧缠止血带，取出蝎子的毒钩，将明矾研碎，用米醋调成糊状涂在伤口上。

（3）被蝎子、马蜂、蜜蜂等蜇伤后，应先用消毒针将留在肉内的断刺剔除，然后用力掐住被蜇伤部分，用嘴吸出毒素，再用碱水洗伤口，或涂上肥皂水、小苏打水或氨水。无消毒针时，也可将两片阿司匹林研成粉末，用凉水调成糊状涂抹患处。全身症状较重者应速到医院诊疗。

（4）被蚂蟥咬住后，不要惊慌失措地用力拉扯，应该用手掌或鞋底用力拍击蚂蟥，或者在其身上撒一些食盐或点几滴盐水，蚂蟥的吸盘和颚片会自然放开。

（5）被毛虫蜇伤，应该立即用橡皮膏将毒毛粘出。

（6）被蛇咬伤后，应记住蛇的体形特征，以便救护人员快速找到对应的血清。

（7）遇到蛇时不要采取主动攻击，应马上停步，站立不动，静候蛇离去。

（8）如果蛇将头高高抬起，则表明它要展开攻击，这时应暂时停止其他动作，观察其下一步动向，做好应对准备。如果蛇主动向你进攻，可用手中的硬物打击蛇的"七寸"，一击奏效。如果是空手，可以快速抓住蛇的尾巴，并迅速将其摔向远处。

（9）被无毒蛇咬伤后，无需特殊处理，用红药水或碘酒擦拭伤口，然后包扎即可。被有毒蛇咬伤后，切忌奔跑，这样会加快蛇毒在血液中的流动速度。应立即在受伤肢体靠近心脏一侧 5～10 厘米处用柔软的绳子或橡胶管等绑扎，并保持其位置低于心脏，然后用生理盐水、肥皂水或清水清洗伤口，再用消过毒的刀片将伤口切成"十"字形，用吮吸器或用火罐将毒血吸出。自救和施救时，应避免用嘴直接吮吸伤口。

（10）部分毒蛇喷出的毒液如果进入人眼，会造成眼睛失明。因此，眼睛一旦沾上毒液，应立即用大量清水冲洗。如果找不到水，可用小便代替，做完此处理后，应尽快去医院做进一步治疗。

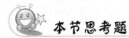 **本节思考题**

（1）如果你被狗咬伤了，应该怎样做？
（2）外出旅游时碰到蛇，应该怎样做？

单元 8

网络与信息安全

随着科学技术的不断进步,信息技术的飞速发展,互联网已经成为人们日常生活中不可或缺的一部分。众所周知,互联网为我们的工作和学习提供了诸多的便利,但是现如今,网络与信息的安全问题也已经成为社会各界密切关注的话题。诸如网瘾、网络诈骗、个人信息泄露、不良网站等安全隐患都是由网络引起的,而这类安全隐患对于没有树立相应安全意识的青少年来说,影响是巨大而恶劣的。

中国互联网络信息中心发布的第 36 次全国互联网发展统计报告显示,截至 2015 年 6 月,我国网民总数已达 6.68 亿人。10～19 岁年龄段青少年上网人数占被调查总人数的 23.8%。中职生正处于青春期发展的关键阶段,其对网络危害的抵抗能力较弱,所以加强中职生网络与信息安全教育就显得尤为重要,本单元将从网络成瘾,各类网络诈骗,以及如何正确对待网络谣言等问题入手,引导中职生养成抵抗各类网络问题的意识和能力。

8.1 电子产品辐射

现代科技的不断进步促使手机、电脑、平板电脑等电子产品从最初的奢侈品演化为大众消费品,并正在向生活必需品的趋势发展。作为网络的基本载体,这些电子产品已经开始为越来越多的人使用,例如移动电话用户规模突破 13 亿,4G 用户占比超过 1/4。但是,电脑在为我们学习工作带来便利的同时,也无形之中对我们的身体造成了损害。

蓝光辐射和微波辐射是电子产品发出的危害人体健康的两种常见辐射。长时间注视电脑屏幕,眼睛会出现不同程度的疲劳,长期使用还会出现视力下降和头晕恶心等现象。除了蓝光辐射,微波辐射也存在于电子产品使用中。微波是指频率为 300MHz～300GHz 的电磁波,人的眼睛受各类电磁波的伤害,早已成为不争的事实,轻度时会感到眼干、眼涩,严重时很可能会导致视力下降甚至引发白内障等眼部问题。而手机辐射危害主要是由其发射的高频无线电波造成的。据美国移动电话协会的研究,鞭状手机天线发射的微波中,有 60% 被人脑近距离吸收。手机天线是产生辐射最强的地方,而人脑与发射天线的距离仅 2~5cm,因此是存在潜在危害的。

不要长时间盯着显示器

一、案例警示

小亮从小就是个历史迷,每天只要做完作业就一定会打开电脑,阅读古代历史故事。父母见其上网是学习知识,也就放松了对小亮的约束,而忽略了帮助其养成良好的用眼习惯,到初中毕业时小亮的近视眼已经高达 600 度。

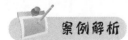

青春期的学生正处于身体的发育期,在日常使用电脑时,持续注视屏幕一定不要超过一小时,间歇时要适当放松眼睛,向远处眺望,避免电脑辐射对眼睛造成的损害。在长时间使用电脑后,应做眼保健操对眼部进行放松。

张某是一名高一的学生,他酷爱看"美剧",每到熄灯后,他都会窝在被子里通宵拿着手机看视频。他说:"最喜欢晚上关灯看剧的感觉,完全不比电影院看大片的效果差。"可是最近,他发现自己的视力下降,眼睛也时常酸痛。

在黑暗的环境中看手机,更易造成眼部疲劳。因此,应选择在明亮的环境中使用电子

产品,并根据周围光线的强度调整屏幕的亮度,每次使用的时间不宜过长。长期熬夜也会对人体健康产生危害,造成内分泌和神经系统功能失调,抵抗力和免疫力下降,记忆力减退,皮肤干燥等症状。

二、安全建议

(1) 避免长时间使用电脑,注意间歇。
(2) 如长时间使用,建议在屏幕上安装显示器防辐射保护装置。
(3) 电脑屏幕的亮度要随着室内光线调整,不宜过亮。
(4) 使用电脑的姿势要正确,眼睛距显示器不宜过近,建议 40～50cm。
(5) 注意补充营养,多吃一些含维生素 A 的食品。
(6) 电脑旁养一盆绿叶植物,可以缓解视觉疲劳。
(7) 请不要长时间在孕妇旁使用电脑。

 小贴士

护眼小食谱

维生素 A 有明目的作用,在日常饮食中注意多吃胡萝卜、豆芽、瘦肉、动物肝脏等富含维生素 A 的食物。

三、应对措施

(1) 如果在使用电子产品时出现以下症状请立刻停止使用,闭眼放松或向远处眺望,并可使用适量的缓解疲劳的滴眼液。
① 眼干、眼涩、眼痛。
② 眼睛无法聚焦,看文字重影。
③ 出现"飞蚊症"症状,"飞蚊症"即眼前有飘动的小黑影,尤其看白色明亮的背景时更明显,还可能伴有闪光感。
(2) 如果在使用电子产品时出现以下症状,你的身体很可能遭到了辐射的伤害,请及时就医。
① 头晕、恶心,并伴随呕吐。
② 眼前发黑,身体极度不适。

 本节思考题

(1) 学生以为"我戴了防辐射眼镜,现在可以熬夜玩电脑游戏了",请问他的做法是否正确? 说出你的看法。
(2) 长时间上网后出现了恶心、呕吐等症状,该怎么办?
(3) 电脑辐射有哪些危害? 应该如何避免?

8.2　网络依赖

上网者由于长时间地和习惯性地沉浸在网络时空当中，对互联网产生强烈的依赖，以至于达到了痴迷的程度，产生难以自我解脱的行为状态和心理状态。网络依赖的形成受到多方面的影响，有来自家庭的、学校的、自身的、机制的等，因此在面对网络依赖这一现象出现在青少年身上时，不应将错误归结到他们。相反，更大一部分原因是在其所处的环境，即家庭和学校。

据《中国青少年网瘾报告(2009)》调查，职高、中专、技校这一类学生在"我国网瘾青少年比例"中排名第二，仅次于大专学生，这一调查，能够充分说明这类群体，对网络的抵抗力较弱。

网瘾的危害

一、案例警示

19岁的淳恩是一名高一学生，淳恩的父母在他上高中的时候分居了，家庭环境的突变对淳恩的打击非常大。父母分居后对其监管也变得松懈，淳恩开始沉迷网络，逃学等。

不良的家庭环境是导致网络依赖的主要原因之一，会对子女造成负面影响。家长作为监护人，应为子女提供良好的家庭环境，并对其进行必要的监管。

案例回放

　　刘某所学的专业是软件,他在课余时间经常出入学校附近的"网吧",开始,他只是在做完作业后玩一会儿游戏放松一下。可是最近他接触了一群新朋友,渐渐地迷上了网络游戏,不仅不完成作业,而且还把家里给的生活费拿去买"点卡"。

案例解析

　　首先,我国法律规定,中小学校园周边,不得设置互联网上网服务营业场所等不适宜未成年人活动的场所。而且互联网上网服务营业场所等不适宜未成年人活动的场所,不得允许未成年人进入,经营者应当在显著位置设置未成年人禁入标志;对难以判明是否已成年的,应当要求其出示身份证件。其次,"网吧"这类场所社会人员较多,由于未成年人不具备一定的自我控制能力,很容易就被"网友"介绍的网络游戏所吸引,沉迷网络,耽误学业。所以,我们在课余时间尽量去学校提供的机房去学习,发现其他同学出入"网吧"等场所时,要及时劝阻。

二、安全建议

　　(1) 当你有以下几种症状时,你可能已经对网络产生了依赖,请及时注意。

　　① 对网络的使用有强烈的渴求或冲动感。

　　② 减少或停止上网时会出现周身不适、烦躁、易怒、注意力不集中、睡眠障碍等戒断反应,上述戒断反应可通过使用其他类似的电子媒介,如电视、掌上游戏机等来缓解。

　　(2) 当你满足下列行为中的任意一种,你应该立刻去咨询父母或者学校的心理老师。

　　① 为达到满足感而不断增加使用网络的时间和投入的程度。

　　② 使用网络的开始、结束及持续时间难以控制,经多次努力后均未成功。

　　③ 固执使用网络而不顾其明显的危害性后果,即使知道网络使用的危害仍难以停止;因使用网络而减少或放弃了其他的活动。

　　④ 将使用网络作为一种逃避问题或缓解不良情绪的途径。

　　⑤ 网络依赖的病程标准为平均每日连续使用网络时间达到或超过 6 个小时,且符合症状标准已达到或超过 3 个月。

避免网络依赖小口诀

网络依赖危害大,毁了前途真可怕。

自我制定时间表,按时执行人人夸。

三、应对措施

　　(1) 明确网络依赖所带来的危害,做到"自我约束"。

（2）监护人对学生起到必要的监督作用，规定学生每日上网时间。

（3）监护人应树立榜样，以身作则，多与子女沟通交流。

（4）积极参加户外活动，培养其他兴趣，从网络"虚拟世界"中走出来。

（5）应多与其他同学进行交流，避免因沉迷于网络所导致的各类心理问题。

（6）如果情况严重，必要时可进行心理治疗。

（7）严禁限制人身自由的治疗方法，严禁体罚。

本节思考题

（1）我每天固定上网 2 小时，但都是用来查找资料进行学习，算是"网瘾少年"吗？

（2）爸爸是 IT 工程师，他每天都坐在电脑前，爸爸算不算是网络依赖？

（3）学校附近"网吧"老板说我可以每天到他店里免费上网 1 小时，我该怎么办？

8.3　网络诈骗

　　网络诈骗是指以非法占有为目的，利用互联网采用虚构事实或者隐瞒真相的方法，骗取数额较大的公私财物的行为。网络诈骗是近些年来犯罪分子采取的一种新兴的犯罪手段，它的特点是捏造事实、虚构真相、利用互联网实施诈骗行为。《中国网络生态安全报告（2015）》指出：当前网络犯罪猖獗。在众多案件中，网络诈骗，是主要且高发的犯罪类型。在各类网络诈骗的案例中不法分子的主要作案手段有以下几种。

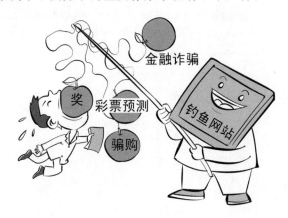

当心钓鱼网站

（1）利用网络病毒，盗取身份信息，冒用身份进行诈骗。

（2）虚构中奖信息，骗取网民信任，进行诈骗。

（3）伪造或盗用各类网络通信软件信息，对家人和朋友实施诈骗。

（4）骗取银行卡等转账验证码，骗取钱财。

（5）通过网络聊天，网络交友等形式，骗取信任后，进行诈骗。

（6）利用网络购物等信息，发布虚假广告进行"低价诱惑"，骗取消费者信任，进行诈骗。

青少年往往缺乏警惕心理，对于一些陷阱没有判断能力，容易上当受骗。因此应该了解一些网络诈骗手段，掌握应对措施，以免成为受害对象。

一、案例警示

案例回放

2015年8月12日天津发生爆炸事故后，防城港的杨某发布虚假微博，谎称其父母遇难，博得网友同情，并利用微博的"打赏"功能，获得3739名微博网友共计总金额为96576.44元人民币的"打赏"费。事后，经当事人举报，公安机关依法将其赃款控制，将3856笔"打赏费"退还到各网友账户中，并以诈骗罪追究杨某的刑事责任。

案例解析

利用社交网络发布虚假信息，博得网民同情是犯罪分子惯用的诈骗手段。特别是现如今各类社交网络的发展迅速，用户注册的门槛较低，各类不法分子乘虚而入，犯罪分子利用网络的虚拟性特点，对网民实施诈骗。所以我们对网络上出现的各类信息一定要进行客观地判断，不要轻信他人之言。

案例回放

当今社会，苹果手机已经成为诸多年轻人追逐的时尚产品，但是，由于其过高的售价，让许多消费者望而却步。2015年3月，在徐州上大学的小王，无意中发现有人在QQ空间里专卖苹果手机，而且价格非常便宜。于是就以非常低的价格预订了一台，可是就在他苦苦等待手机到货的这几天，他接到了卖家的来电称，手机已经被海关扣押，需要交纳2000元的关税。但是，小王将钱打过去之后，却再也没能联系上对方。

案例解析

犯罪分子利用网络虚构购物信息，以超低的价格，吸引消费者"上钩"，一旦消费者走入圈套，犯罪分子就会根据消费者心理，进行二次诈骗。"交关税""快递费""手续费"等都是比较常见的网络诈骗手段，所以我们在网上购物的时候一定要选择正规的网站，三思而后行。

二、安全建议

（1）不要浏览非法的网站，定期清理电脑病毒。

（2）不要轻信网络上各类中奖信息。

（3）定期更换通信软件的密码，不要用生日，或者123456这类的简单密码。

（4）不要随便将各类软件的密码发送给其他人。

（5）不要随便给网友，或者电商汇款，网购时尽量选择货到付款。

（6）网购时，如果需要在线支付，请选择有第三方支付手段的平台（例如支付宝等）。

（7）上网时记得打开电脑的"防火墙"，并确保杀毒软件在实时保护状态。

（8）不要随便在网上填写个人信息，并注意对隐私的保护。

 小贴士

避免诈骗小口诀

网络诈骗危害大，骗财骗物真可怕。

虚假信息不轻信，举报罪犯靠大家。

三、应对措施

（1）当发现钱财被骗时，请立刻拨打 110 进行报警，并保留与犯罪分子的消息记录和一切有利证据。

（2）当朋友或亲人通过聊天软件要求借钱时，请打电话或者当面核实信息。

（3）网购时，如发现商品存在假冒伪劣嫌疑，可与客服联系退货。如商品确实为假冒商品，可以对商家进行投诉。

 本节思考题

（1）多年不见的老同学给你发 QQ 消息，说家里着急用钱，让你给他发一个"红包"，你该怎么办？

（2）昨天上网时，在"砸金蛋"活动中，你砸中了一台笔记本电脑，但是需要支付 500 元运费。你该怎么办？

8.4 网络谣言

网络谣言是指通过各类网络媒介肆意传播没有事实基础、事实依据的消息。一般的传播途径包括网络论坛、聊天软件、社交软件等。主要的对象有名人明星、各类社会突发事件等。网络谣言的产生原因大多与传播群体科学知识的欠缺，网络信息监管的滞后，各种商业利益的驱动有着密切的关系。2013 年 9 月 9 日公布的《最高人民法院、最高人民检察院关于办理利用信息网络实施诽谤等刑事案件适用法律若干问题的解释》，明确了网络谣言的各类定罪形式。

谣言

其中我们所称的网络谣言的传播媒介,不仅仅包括计算机,还包括手机、传真机等电子设备。

一、案例警示

 案例回放

2014年11月3日,中国青年政治学院一名学生在某社交平台上发布消息,大意是: APEC期间,为了保证市民的安全,北京三环附近安排了各国的狙击手,请大家不要乱开窗。消息一经发出,造成了市民的恐慌。中国青年政治学院保卫处的相关负责人称:此条消息并非校方下发,希望大家能够不传谣、不信谣。

 案例解析

该学生在面对网络信息时,缺乏明辨真假的能力,在没有查明来源是否可靠,消息是否确实的情况下,轻易相信并传播了这条消息。案例中的这条消息,通过传播,已经严重影响了北京市民的正常生活,造成了市民的恐慌,引发了公共秩序的混乱,该学生的做法已经触犯了法律。在信息爆炸的今天,面对随时更新的消息,我们应当有着自己的判断。

 案例回放

2012年2月19日,河北省保定市的刘某通过微博发布了一条消息称:“保定市252医院确认一例非典患者。”随后又自己跟帖,再次确认这个消息。20日,又有一些网友发布消息,称对此事并不知情,希望有关部门及时确认消息。这些消息的发布,给保定市民带来了极大的恐慌,并引起了许多市民的极大愤怒。在当月的23日保定市252医院发布消息进行辟谣,但是未获得任何网民信任。最后,当地卫生部门两次出面辟谣,才将此次谣言平息。最终,涉案人员刘某被依法劳动教养两年。

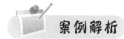 案例解析

网络谣言会造成社会的动荡,谣言利用互联网进行传播,而“微博”等各类社交网络的普及,更是为各类信息的传播提供“土壤”。所以我们在利用网络的同时,应该学会如何甄别虚假信息,学会如何对自己、对他人、对社会进行保护。此外,在面对官方消息时,应当抱以信任,不受网络虚假信息挑拨,做出错误选择。

二、安全建议

(1) 不传谣、不造谣,不给不法分子可乘之机。

(2) 用科学的知识来武装自己,当不确定的消息来临时,我们要利用所学知识,分析

消息的正确性,切记不要人云亦云、三人成虎。

(3) 提高自己的辨别觉察能力、不轻信不正规渠道流传的网络消息。

(4) 明确网络谣言的严重性,提高自身法制观念。

 小贴士

避免谣言小口诀

谣言始于庸者,止于智者,说人是非者,必是是非人。

三、应对措施

(1) 当收到虚假信息时,我们要及时收集证据,并向网络违法犯罪举报网站进行报案。网址是 http://www.12377.cn/,或者拨打 12377 进行电话举报。

(2) 如果情节严重,或者涉及自身的利益,对自身的名誉等造成了危害,请及时向当地公安机关报案。

 **本节思考题**

(1) 爸爸发微信给你,说今天晚上会有地震发生,现在要你回家避难,你该怎么做?

(2) 你和小董吵架了,为了报复,你发了一条朋友圈,说他患有肺结核,他发现后说要报警,现在你后悔了,你该怎么办?

8.5　网络淫秽

网络的不断发展,给我们的学习和生活带来了极大的便利。但是在网络中,也传播着落后和腐朽的思想文化,充斥着各类的不良网站和不健康信息,对广大中学生的健康成长带来了极大的负面影响。其中网络淫秽信息,是危害青少年成长的罪魁祸首,据有关部门调查,网民对各类不良信息的举报中,淫秽色情类的有害信息举报较为突出,占六成以上。

淫秽物品是指具体描绘性行为或者露骨宣扬色情的淫秽性的书刊、影片、录像带、录音带、图片等物品。但是,有两类属于特例,第一类是有关人体生理、医学知识的科学著作。例如我们的性教育教材就不属于淫秽物品;第二类是包含有色情内容的有艺术价值的文学、艺术作品也不视为淫秽物品。例如著名的雕像"掷铁饼者"不属于淫秽物品。

我们要知道传播网络淫秽色情信息是违反法律的,在《最高人民法院、最高人民检察院关于办理利用互联网、移动通信终端、声讯台制作、复制、出版、贩卖、传播淫秽电子信息刑事案件具体应用法律若干问题的解释》中明确指出,利用互联网传播、复制、售卖网络淫秽信息的量刑标准。其中情节严重的,处三年以上十年以下有期徒刑,情节特别严重的,处十年以上有期徒刑或者无期徒刑。所以,在日常的学习中,我们要洁身自好,不给不法分子可乘之机。

一、案例警示

案例回放

2015年11月7日,铜陵县一名高一的女生李某在母亲的陪同下来到派出所报案,李某称其同学刘某用QQ给她发了两张不雅照片,警方通过调查,排除了刘某的作案嫌疑。随后,警方将情况汇报给了网络监察大队,通过技术手段,锁定李某的另一名男同学高某。民警依法将其传唤至派出所。经询问得知:原来,高某、刘某及李某都是同学,李某与刘某平常关系较好,高某遂嫉恨刘某,为破坏刘某形象,高某申请QQ号,并下载两张淫秽图片,然后以刘某的名义发给了李某。对于高某的行为,民警对其进行了严厉的批评教育和警告。

案例解析

根据最高人民法院、最高人民检察院颁布的司法解释,制作、复制、出版、贩卖、传播淫秽电子刊物、图片、文章、短信息等200件以上的,根据情节严重情况处以三年以下或三年以上十年以下的判罚。案例中高某的行为,虽然情节较轻,不构成违法,但是情节比较恶劣,民警对其进行了批评和教育。

案例回放

2015年11月中旬,冀州市公安局民警在一次巡查中发现,有大量的淫秽图片、视频通过网络传播进入冀州境内。经过警方调查,锁定了藏匿于天津市区的犯罪嫌疑人王某并将其抓获。审问时王某交代他的作案过程,他参与复制、贩卖淫秽百度云盘700余个,每个云盘的存储容量为2T。而9名嫌疑人中有3名竟然是中学生,参与贩卖云盘的主犯之一郭某,就是一名高中生,年仅15岁的他由于沉迷淫秽视频,学习成绩一落千丈,最终走上违法的道路。

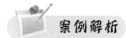

案例解析

云盘存储是一项新兴的网络存储技术,这项技术为我们的储存方式提供了更加便利的服务,通过账号打开这个云盘就能读取之前存储的信息,不想这项新技术却成了某些不法分子非法获利的工具。所以,在网络给我们带来的便捷的同时,我们要洁身自好,坚决抵制网上的各类淫秽信息。

二、安全建议

(1) 不上传、不下载、不传播网络淫秽色情信息。

（2）强化道德意识标准、树立正确的人生观、价值观，立场坚定。

（3）做到自我学习、学会自我约束、纠正不良行为，从自身出发提高自身抵御网络淫秽色情信息的能力。

（4）坚决抵制网上淫秽色情信息，主动参与"净网行动"。

（5）积极举报不良网站，做网络健康环境的协管员。

 小贴士

净网小口诀

网络淫秽很可怕，传播起来要犯法。

举报方式要牢记，争做净网小管家。

三、应对措施

（1）当我们受到不良信息的骚扰或威胁时，应在第一时间留下证据，并拨打110报警。

（2）在我们上网时，当发现带有不良信息的网页时，可以拨打12377进行电话举报，或者登录www.12377.cn进行网上举报。

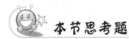 本节思考题

（1）在上网时，你发现了好多裸体的油画，你是否应该进行举报？

（2）阿力总发一些淫秽色情的信息给你，你该怎么办？

8.6 网络病毒

网络病毒是指计算机病毒，即病毒编制者在计算机的运行程序中插入破坏计算机功

当心网络病毒

能或者数据的软件,影响计算机使用并且能够自我复制的一组指令或者程序代码。

与医学上的"病毒"不同的是,计算机病毒不是天然存在的,是某些人利用计算机软件和硬件所固有的脆弱性而编制的一组指令集或程序代码。它可以通过某种途径潜伏在计算机的程序里,当达到某种条件时即被激活,从而感染其他程序,对计算机资源进行破坏,影响网络用户的使用,盗取用户的个人信息、账号以及密码等。

现如今一些不法分子利用网络病毒实施各类犯罪,骗取钱财,手段多样,并且随着电子技术的发展,手机网络病毒的传播也日益泛滥,用户只要稍不留神就会中了网络病毒的招。

一、案例警示

2015 年 8 月 4 日,阿克苏市民王女士银行卡上的 5 万余元莫名被盗。前段时间,她在网上聊天时,接到一位群友发的文件,出于好奇就点开了。当时,文件没有任何反应,也无法打开,王女士也就没在意。事后接到银行短信,发现银行卡中的 5 万元存款不翼而飞。王女士马上报了警,警方在调查中发现,王女士上网时因误点病毒文件,钱已经被不法分子转走。

近几年,类似案件时有发生。这是一种新型木马病毒,一旦受害者打开病毒,它就能记录其所有软件的用户名和密码,盗取网银资金,而受害者却毫无察觉。犯罪嫌疑人借助网络平台,采取高科技盗窃手段,很难追踪到犯罪嫌疑人盗取钱财的真实账号及身份。因此,像王女士的这类案件不仅破获难度大,而且耗时比较长。所以,我们在日常上网中,要注意保护自身网络安全,不要接受陌生人发来的信息和文件,如果陌生人频繁发送,可以将其举报,并拉入网络黑名单。

2015 年 12 月 1 日,市民小周收到一条"我给你发一份请帖'xxx.xxx.com.cn/',时间、地方都在里面,在此恭候光临"的短信后,点开链接,发现是某赌博场所的广告,小周关闭信息后发现,其手机自动按通信录上所有成员名单逐一转发此条短信。小周立刻向警方进行报案,警方在调查中发现,这是一个利用模拟接收器群发网络病毒的团伙,他们通过给用户发送病毒短信,赚取商家的广告费。

犯罪分子通过短信群发器群发病毒短信,当用户点击短信中的恶意网址后,会在手机

上下载木马病毒安装包,木马病毒会群发诈骗短信给手机联系人。所以,我们在收到陌生的短信后一定要谨慎操作,防止落入不法分子设置的陷阱。

二、安全建议

（1）不要轻易点击"带链接"的短信。

（2）不要轻易扫描来路不明的二维码。

（3）不要从各类论坛、不正规的网页上下载软件。

（4）安装专业安全软件,拦截网络病毒、恶意网址。

（5）使用电脑时,不随便安装陌生人传送的程序。

（6）为计算机安装杀毒软件,定期扫描系统、查杀病毒。

（7）及时更新病毒库、更新系统补丁。

（8）下载软件时尽量到官方网站或大型软件下载网站,不要安装或打开来历不明的软件或文件。

（9）定期备份计算机,以便遭到病毒严重破坏后能迅速修复。

 小贴士

上网随身小口诀

网络生活真丰富,警惕之心不可无;

短信链接切勿点,查杀病毒记心间。

三、应对措施

（1）当电脑被病毒侵害时,可以重新安装系统,为电脑安装强有力的杀毒软件和防火墙。定时更新,提防黑客侵入。

（2）当手机被病毒侵害时,应拔掉电话卡,关掉网络,全面杀毒或者恢复出厂设置。必要时为手机号办理临时冻结业务。

（3）若已造成经济损失,应当马上更换与之关联的账户密码并且立即报警。

（4）当发现收到他人发来的异常消息,应及时提醒其检查其账号安全问题,一旦发现账号被盗,立刻通知所有联系人不要相信此账号发出的各类交易请求,防止造成更严重损失。

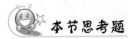 本节思考题

（1）节假日临近,收到一条名为 10086 的短信,"感恩回馈,恭喜您获得春节欢乐大礼包,请点击此处进行兑换"。你是否该点击查看?

（2）浏览网页时突然弹出某电影视频网站的信息,提示点击链接下载即可免费获得会员资格观看视频。该如何应对?

8.7　电信诈骗

电信诈骗是随着电子技术快速发展而产生的新型犯罪行为。犯罪分子利用电话、网络以及短信的方式，编造虚假信息，目的是引诱受害人上当，使受害人给犯罪分子打款或转账。整个过程都是在远程、非接触式的情况下完成的。

在电信诈骗中，作案者常冒充电信局、公安局等单位工作人员，以受害人电话欠费、被他人盗用身份涉嫌经济犯罪，以没收受害人所有银行存款进行恫吓威胁，骗取受害人汇转资金。电信诈骗活动蔓延性大，发展迅速，波及范围广，造成的损失也相当严重。其诈骗手段翻新速度快，花样层出不穷，多为团伙作案，采用非接触式诈骗，分工细致，有些犯罪团伙组织庞大，实施跨国跨境犯罪，隐蔽性强，打击难度大。

当心电信诈骗

电信诈骗针对的受害群体广泛，采用各种方式方法，诈骗针对性强，骗术手段高明，使一些受害者不知不觉迈入犯罪者布下的骗局。

一、案例警示

河南的陈先生炒股十五六年了，2015年7月，他接到一个电话，对方自称是国信证券的操盘手，花6800元成为会员可以获得股市的内幕消息，陈先生抱着试试看的态度注册成为会员，没想到按照他们指示购买的股票一直下跌。这时候对方又打来电话，说近期股票市场不景气，陈先生可以转投茶叶期货，是个新商机。陈先生下载了对方所说的期货软件，购买茶叶期货，期间赚了9万余元。之后，对方告诉陈先生，可以花200万元购买期货成为高级会员，陈先生觉得有利可图，却没想到自己投进去的钱全打了水漂，而那些所谓的公司负责人也早已不见了踪影。

 **案例解析**

投资要谨慎,切不可贸然轻信他人。这个电信诈骗团伙分为上下线,下线负责吸引股民注册会员,上线利用自己控制的期货软件来继续实施诈骗。下线遇到防范意识薄弱的受害人后会发展给自己的上线,骗取更多的钱。我们切不可盲目相信内幕消息,谨防上当受骗。犯罪分子正是利用陈先生贪便宜的心理设置陷阱,实施诈骗行为。青少年更是应当注意自我保护,谨慎对待金钱问题。由于青少年社会经历较少,容易在无意中受到诈骗,因此在进行投资时应当征询父母师长的意见后再做决定。

 **案例回放**

2015年年底,河南信阳的周先生收到一条短信,短信的内容为:"尊敬的用户,您的信用卡已符合我行提额标准,请致电客服4008899670完成办理。【农业银行】"周先生拨通客服电话后,工作人员以要求他核实银行卡信息为由,获得了周先生的信用卡卡号和相关信息。之后,周先生的手机上便收到了9000元消费通知的短信。

 **案例解析**

诈骗分子伪装成银行机构群发短信,等待缺乏防范意识的用户上钩,之后伪装成信用卡管理中心的工作人员要求受害人核实信用卡信息,通过这种方法盗刷受害人的信用卡。我们一定要时刻警惕和防范,遇到银行的短信不能轻信,接到自称银行的工作人员的电话一定要多留心,切勿随便告知他人银行卡相关信息。

二、安全建议

(1)时刻保持警惕之心,防范之意。

(2)不要抱着有利可图之心,落入犯罪分子精心布置的陷阱。

(3)身份信息、银行卡信息等个人信息不要随便告知他人并应防止泄露。

(4)在接到短信或者是电话的时候,一定要仔细核对真实的信息,不轻信。

(5)平时多积累知识,多看有关电信诈骗的案例,做到心中有数。

(6)遇到"八个凡是",需要提高警惕。

凡是自称公检法要求汇款的;

凡是叫你汇款到"安全账户"的;

凡是通知中奖,领取补贴要你先交钱的;

凡是通知"家属"出事要先汇款的;

凡是在电话中索要个人和银行卡信息及短信验证码的;

凡是让你开通网银接受检查的;

凡是自称领导要求打款的;

凡是陌生网站要登记银行卡信息的。

 小贴士

预防诈骗小口诀

电信诈骗手段多,遇事小心需谨慎;

"八个凡是"心间记,多听多看多留心。

三、应对措施

电信诈骗发生后,要及时报警,并可以通过以下方式冻结对方账号。

（1）如果不知道对方银行账号,可以到银行柜台凭本人身份证和银行卡查询出涉嫌诈骗的银行卡账号,然后在柜台查询或通过拨打 95516 银联中心客服电话的人工服务台查清该诈骗账号的开户银行和开户地点。

（2）通过电话银行冻结。拨打该诈骗账号归属银行的客服电话,输入该诈骗账号,然后重复输错几次密码就能使该诈骗账号冻结,时限为 24 小时。次日零时后再重复上述操作,则可以继续冻结 24 小时,为侦破案件争取时间。该操作仅限制嫌疑人的电话银行转账功能。

（3）通过网上银行冻结。登录该诈骗账号归属银行的网站,进入"网上银行"界面输入该诈骗账号,然后重复输错几次密码就能使该诈骗账号冻结止付,时限也为 24 小时。如需继续冻结,则可以在次日零时后重复上述操作。该操作仅限制嫌疑人的网上银行转账功能。

（4）通过开户地（市）的归属银行或总行冻结。这一步需要由公安机关来完成。到公安机关报案后,公安机关凭相关法律手续实施冻结止付,时限为 6 个月。

 **本节思考题**

（1）刘女士接到一个 001 开头的电话,电话里的人自称是公安分局民警,他说有人利用刘女士的身份证办了一张银行卡,并用这张卡转出了 200 多万元,现在怀疑刘女士涉嫌诈骗,要求她把所有钱存进一张银行卡。刘女士该怎么办?

（2）李先生接到一个电话,说他爱人的 7000 元残疾人补助金可以一次性领款,让李先生按照他们的要求去银行 ATM 机上进行操作。李先生应如何应对?

单元

实习与职业安全

实习是在完成文化基础课、专业基础课、专业课以及校内专业实训以后进行的实践性教学环节,是提高实践技能的重要途径。实习环境是真正的工作环境,与学校学习环境大不相同,会遇到各种各样的困难,也存在相应的职业危险。

职业危险包含职业伤害事故和职业病。职业伤害事故是指因生产过程及工作原因或与其相关的其他原因造成的伤亡事故。广义上讲职业病是与工作有关并与职业性有害因素有因果关系的疾病。《中华人民共和国职业病防治法》定义职业病是指企业、事业单位和个体经济组织的劳动者在职业活动中,因接触粉尘、放射性物质和其他有毒、有害物质等因素而引起的疾病。根据国家安全生产监督管理总局发布,仅2014年一季度全国发生的特重大生产安全事故就有11起,造成死亡和失踪人数达153人。国家卫计委发布的《2014年全国职业病报告情况》显示,2014年全国共报告职业病29 972例。其中职业性尘肺病26 873例,急性职业中毒486例,慢性职业中毒795例,其他职业病合计1818例。从行业分布看,煤炭开采和洗选业、有色金属矿采选业和开采辅助活动行业的职业病病例数较多,分别为11 396例、4408例和2935例,共占全国报告职业病例数的62.52%。中职生在实习和就业后,很有可能面临各种职业病的威胁,因此,了解职业危险,并懂得预防和应对,才能安全度过实习期,并在以后的职业工作中更好地避免危险,保持健康。

9.1　实习安全注意事项

实习是中职学生完成学业的必修环节,通过实习才能了解真实的生产环境与生产过程,掌握操作技能。企业的真实环境、生产过程比校内模拟场地、实训场地更为复杂,不可预测的安全隐患更多。近年来,实习生伤害事故频发,并且呈逐年上升的趋势。根据教育部推行的全国职业院校学生实习责任保险统保示范项目抽样选取的约80万例样本分析,2013年每10万名实习学生发生一般性伤害的约78.65人,其中导致死亡的约4.69人,两数据均高于2012年相应数据(2012年每10万名实习学生中约39.9人发生一般性伤害,3.96人死亡)。学生实习事故伤害率和死亡率居高不降,反映出我国职业教育学生实习高风险的现状,同时突显出目前学生实习风险管控力度仍然不足,安全工作效果欠佳等问题。经有关研究分析,造成实习生安全事故频发的原因有很多,包括学校与实习单位缺乏沟通,学校安全教育纸上谈兵、流于形式,实习单位管理制度不完善、监管松懈,实习指导教师跟踪了解不到位等。但从实习生主观因素来看,实习生心理准备不足、安全意识淡薄、操作技能水平不高却高估自身能力,都是至关重要的原因。因此在企业环境无法短时间改善的情况下,为避免实习伤害事故,保护自身安全,中职生在实习期间必须树立安全意识、了解安全常识、遵守安全制度。还要主动与实习指导老师定期联络沟通,既是为了保证实习过程中的自身安全,也是为了保证实习所要达到的教育成效。同时,学校作为学生的直接管理部门,应建立学生实习风险管理专门机构,建立健全风险管理体制,为学生安全完成实习任务保驾护航。

做好实习安全管理

一、案例警示

2009年8月,实习生高某在操作数控机床时,仅注意了工件的位置,没有注意自己手的位置,造成了左手三根手指折断,先后进行了三次手术,花费近10万元。

案例解析

在工厂车间实习的学生,潜在的安全隐患较多,经常因为一时的麻痹大意,引发不可挽回的生命财产损失。上述案例中的高某,没有充分意识到所处岗位存在的危险,加上对设备的操作不够熟练,造成了无法弥补的伤害。因此,在实习上岗之前,一定要全面评估安全隐患,尤其在生产线上的操作工人,要在模拟环境下熟练掌握操作技能后再到实际岗位上进行实习,并保持精力集中,保证人身安全。

案例回放

2013 年 10 月 11 日,某省铁路中等职业学校学生张某在实习单位车间内遥控行车进行货物卸载过程中,被倒下的货物压倒,由于伤势过重,抢救无效死亡。

案例解析

中职学校学生,身心发展尚不成熟,缺少社会经验,也缺乏对安全隐患的判断能力,因此在同样的工作岗位上,其安全风险要远远大于正式职工。近年来,中职生实习伤亡事故频发,影响了中职院校的发展,异地实习和专业不对口也是造成事故率居高不下的重要因素。因此,在实习上岗之前,除了要对岗位操作技能进行培训,还要全面做好安全教育,在保障人身安全的前提下完成实习任务。

二、安全建议

工厂车间安全建议:

(1) 进入厂区前检查劳保穿戴,不带与实习无关的物品进厂。

(2) 进入厂区要注意卫生保洁。

(3) 厂区内严禁吸烟。

(4) 上班不能喝酒。

(5) 上班期间不能大声喧哗,不能睡觉。

(6) 上班期间严禁打闹。

(7) 严禁串岗。

(8) 注意每处的安全标志。

(9) 不要随便触摸设备、管线表面,以免高温烫伤,不要触摸机器转动部位,以免划伤。

(10) 不要擅自开关阀门、机泵或仪表按钮,不要擅自调节操作参数,操作时须在工人师傅的指导下完成。

(11) 要爱护工艺设备、消防设备等。

(12) 在易燃易爆区内禁用金属敲打、撞击、摩擦。

（13）不准翻越生产线。

（14）注意地沟、排污井等，防止滑倒或摔倒，防止阀杆或管线碰头。

（15）闻到异常气味时要迅速往上风方向撤离，防止中毒。

（16）设备出现紧急情况时，应先迅速撤离现场，并向上级汇报，联系维修人员，正确应对，绝不围观。

（17）在车间内实习时须在安全线内行走，车间外行走时注意避让厂内的车辆，不要妨碍厂内车辆的正常通行，同时要注意自身安全，避免发生意外。

（18）与生产线上的师傅交流要注意礼貌和谦和，不干扰师傅的正常操作。

（19）有事必须与车间当班负责人请假。

（20）严格按安全规程操作。

办公室安全建议：

（1）熟知办公场所的应急逃生路线图，注意观察办公楼道、消防逃生通道是否通畅，如有隐患及时报告主管部门。

（2）使用和处理尖利的物品（如剪刀、美工刀、图钉等）应谨慎，摆放有序。

（3）使用裁纸机、碎纸机时要集中注意力，小心领带、长发等被卷入。

（4）办公室电路电线合理固定，切忌缠绕，尽量远离过道，切勿乱拉电线、超负荷使用插座，不要自行修理电器设备，下班前检查电器，切断电源。

（5）注意观察办公室饮水机清洁，发现饮用水变色、变混、变味要立即停止饮用，切忌空烧。

（6）书籍、水养小花卉等物品不要放在电脑主机或电源附近。

（7）正确使用办公室的复印机等设备，防止强光损伤眼睛。

（8）打开的抽屉应及时关闭，防止被绊倒或碰伤。

 小贴士

实习安全口诀

实习安全大如天，职业风险随处见；

防护设施要备全，规章制度记心间；

小心操作生产线，集中精力莫偷闲。

三、应对措施

（1）发生危险时，要尽可能在第一时间远离或切断危险源，利用所学知识采取相应的应急处理办法进行自救和他救，绝不可袖手旁观，情况危急时要立即拨打急救电话。

（2）为了保障个人的合法权益，中职生到实习单位顶岗实习前，学校、实习单位、学生应签订三方顶岗实习协议，明确三方的义务和责任，明确说明发生人身伤害事故后的善后处理办法，以免发生不必要的纠纷。

签订劳动合同，保障自身权益

本节思考题

（1）当你在车间内进行实习时，突然遇到需要离开工作岗位的情况，应当怎么做？

（2）当车间发生有毒气体泄漏的紧急情况时，作为实习生的你应当做出什么反应？请分条详细说明。

（3）你认为在实习过程中应不应该与指导老师进行定期联络？为什么？

9.2 粉尘类安全

粉尘是较长时间悬浮在空气中的固体微粒。习惯上对粉尘有许多叫法，如灰尘、尘埃、烟尘、矿尘、砂尘、粉末等，许多行业在生产过程中都会有粉尘产生，例如采矿场、水泥厂、金属加工厂、汽车修理厂、粮食加工厂、服装厂、日用品加工厂等。粉尘具有较大危害，人体吸入粉尘后，极易深入肺部，引起中毒性肺炎，甚至引发难以治愈的疾病，如矽肺、硅肺等。粉尘还具有爆炸危害，随着工业的发展，爆炸粉尘的种类越来越多，粉尘爆炸事故屡见不鲜。据统计，2009—2013 年我国共发生粉尘爆炸事故 37 起，造成 82 人死亡，177 人重伤。同学们在实习的过程中应了解行业中有关粉尘的危害和防护方法，避免遭受粉尘的侵害。

一、案例警示

某石英砂厂 40 多名工人解聘时自发进行了粉尘作业离岗时职业健康体检，发现并确诊了 9 名矽肺病人。该厂使用石英矿石为原料生产石英砂，企业为了获取最大利益，将湿性作业改为干性作业，车间的除尘设施严重缺乏，工人加料、包装均为手工操作。疾控中心通过对作业场所调查和检测分析，发现多个岗位矽尘浓度超过职业接触限值多倍。

尘肺病是由于劳动者在职业活动中吸入生产性粉尘而引起的以肺组织弥漫性纤维化为主的全身性疾病。矽肺是尘肺中最常见、进展最快、危害最严重的一种类型，是由于长期吸入大量游离二氧化硅粉尘所引起。该厂使用石英矿石为原料生产石英砂，企业为了获取最大利益，将湿性作业改为干性作业，车间的除尘设施严重缺乏，工人加料、包装均为手工操作。在操作过程中，企业没有贯彻落实劳动防护用品配备标准及相关要求，也没有做到及时为工人组织职业健康检查。同时，工人们缺乏粉尘作业相应的自我保护意识，没有坚持佩戴防尘口罩和使用其他劳动保护用品，这是造成此类事故频发的主要原因。因此今后在进行相关工作时,要树立良好的自我保护意识,养成良好的自我保护习惯,坚持做好防护措施,定期进行职业健康检查。

案例回放

根据中新网报道,2014年8月2日7时,江苏昆山市开发区某金属加工公司车间发生爆炸,事后调查发现为金属粉尘爆炸。当天上午7时,事故车间员工上班,7时10分,除尘风机开启,员工开始作业。7时34分,1号除尘器发生爆炸。爆炸冲击波沿除尘管道向车间传播,引起除尘系统内和车间集聚的铝粉尘发生系列爆炸,当场造成47人死亡,当天经送医院抢救无效死亡28人,185人受伤,事故车间和车间内的生产设备被损毁。

案例解析

这是一起典型的由于一系列违规行为引发的粉尘爆炸,违规行为使整个环境具备了粉尘爆炸的五要素:①可燃性粉尘。事故车间抛光轮毂生产过程中产生了铝粉,事故车间、除尘系统未按规定清理,铝粉尘沉积。②粉尘云。除尘系统风机启动后,过多工位产生的抛光粉尘通过一条管道进入除尘器内,在除尘器灰斗和集尘桶上部空间形成爆炸性粉尘云。③集尘桶内超细的抛光铝粉,吸湿受潮,与水及铁锈发生放热反应,除尘风机开启后,在集尘桶上方形成一定的负压,加速了桶内铝粉的放热反应,温度升高达到粉尘云引燃温度。④引火源。在除尘器风机作用下,大量新鲜空气进入除尘器内,支持了爆炸发生。⑤助燃物和空间受限。除尘器本体为倒锥体钢壳结构,内部是有限空间,容积约8立方米。以上种种因素综合导致了爆炸的发生,究其根本是安全生产管理混乱,防护措施没有落实到位造成的。

二、安全建议

(1)工作时按国家颁布的劳动防护用品配备标准及有关单位规定配备工作服、手套、防毒防尘口罩、防护眼睛及耳塞等劳动防护用品,并严格遵守劳动防护用品的采购、验收、保管、发放、使用、报废制度。

(2)粉尘车间确保通风、防爆、隔爆及泄爆等级设施完好、适用。

(3)在粉尘作业场所应杜绝各种非生产明火存在,如吸烟等。

(4)注意工作场所,尤其是存在易爆粉尘的场所,是否安装了防雷设备、防爆防尘设备、电气防过载设备、皮带传动相应安全防护装置。如果没有,要及时向主管部门

粉尘车间禁止抛光作业

汇报。

(5) 基于对自己生命安全负责的原则,在发现其他人员有违背安全守则的操作行为时要及时劝阻。

(6) 粉尘作业人员应穿棉质工作服,不得穿化纤材料制作的工作服。

(7) 当发现粉尘火灾爆炸事故的征兆,以及发生粉尘火灾爆炸事故后,应当依事故现场处置方案,立即停机,切断现场所有电源开关,通知现场及附近人员紧急撤离事故现场,并立即向公司(工厂)安全主任或上级报告。

 小贴士

粉尘防护四字真言

"检、察、护、规":

检——定期做职业健康身体检查;

察——注意观察身边安全隐患;

护——穿戴好个人防护用具;

规——规范进行各项操作。

三、应对措施

应对粉尘伤害主要以预防为主,但如果遇到突发的粉尘泄漏事件或发现粉尘火灾爆炸的征兆时,应冷静应对。

如果在生产车间遇到粉尘泄漏情况:

(1) 要立即停止机器操作,切断现场所有电源开关,切忌点燃明火。

(2) 通知现场及附近人员紧急撤离事故区域,并立即向上级报告。

(3) 如果在公共场所遇到粉尘事故,身边没有口罩防护服等护具,要尽量用衣物等掩住口鼻,尽量减少吸入的可能。

(4) 如果已经有火势出现,在不明粉尘成分构成的情况下,不要贸然使用灭火器,以免加大火势或引起二次爆炸。

(5) 在安全的情况下拨打火警电话119,等待救援。

 本节思考题

(1) 在正式开始直接与粉尘接触的行业工作之前需要做什么准备?

(2) 当你发现粉尘爆炸前的征兆时需要做什么?

(3) 当身边一起工作的很多人同时出现不同程度的呼吸困难、咳痰、胸闷等症状时,应当警惕什么?

9.3 化学因素类安全

化学品防护不到位是主要职业危害因素之一，也是影响劳动者健康最突出、最复杂、后果最严重的职业危害因素。随着我国工业化的快速发展，化学毒物的种类也越来越繁杂，2015年，由国家卫生计生委、安全监管总局等多部委联合下发的《职业病危害因素分类目录》中，对化学因素就列举了370多种。据不完全统计，1991—2006年，全国累计发生中毒38 412例，其中急性中毒21 482例，慢性中毒16 930例。在经济快速发展的今天，某些生产中避免不了要接触有毒有害物质，有的是原材料，有的是半成品，也有的是最终产品。因此在上岗前要充分认识有毒物质的危害，有针对性进行防护，避免发生危险。

一、案例警示

2015年12月18日，在南京光华路某楼盘的地下室里，有四名工人在刷防水涂料时中毒，马上送到医院就诊。刚入院时，只见四名患者全身有黑色沥青样油污，可闻到浓烈的油漆味，均有不同程度的意识障碍、头晕头痛、恶心呕吐、心慌等症状。2小时后，几名患者逐渐恢复意识，各项生命体征平稳，经过几天的观察治疗，患者才顺利出院。

家庭及工业装修的防水涂料，其主要成分是沥青和聚氨酯，一般含有甲苯、二甲苯等有机稀释溶剂。苯系物是一种无色、透明、具有特殊芳香气味的液体，易挥发。在使用中，短时间吸入大量高浓度蒸气可引起急性中毒，长期接触低浓度蒸气可引起慢性中毒。随着新型化学物和新型药物的不断涌现，毒物的种类也在不断增加。无论是在制造、运输或是使用时，都要注意自身防护。

某灯泡厂的女工为厂里电焊工，在工作的九年间接触汞蒸气，工作的车间为地下室，个人防护设备仅有普通工作服和纱布口罩，每日工作10小时，她在工作第一年就出现头晕、头痛、乏力、失眠、记忆力减退等症状，但未给予重视，也未进行职业病健康检查。后来出现牙龈肿胀、充血、神经衰弱等症状，并变得易怒、情绪抑郁、生活懒散等，经医院检查为慢性重度汞中毒并引发精神障碍。

案例解析

灯泡厂加工工艺落后,安全防护意识淡薄,没有提供安全的生产环境。工人也不清楚本行业的危害,不了解工作环境中存在的汞蒸气对人体的毒害性。在出现初期轻度中毒的迹象时,没有给予重视,没有进行职业健康检查,以致毒素在人体内长期积累,造成了严重的后果。

二、安全建议

(1)工作前要确认自己已经完全清楚从事此类行业可能对身体造成的危害。

(2)上岗前要由所在公司或工厂进行全面的安全培训,熟知各项操作规程及安全防护措施。

(3)确认所在公司或工厂拥有相应受限空间作业许可证后,再决定是否上岗。

(4)严格按照操作规程进行作业,上岗时应办齐进入密闭空间的各种票证。

(5)在密闭空间进行检修、维修时,注意通风换气,并对密闭空间内部进行氧气、危险物、有害物浓度监测,应由专人对此进行监督。

(6)佩戴供氧式防毒面具,确认工作场所是否设置自动报警装置,例如硫化氢自动报警装置。

做好安全防护

(7)监护人员应配备必要的应急救援器材(小型氧气呼吸器),并进行医疗培训,掌握简单的医疗救援措施。

(8)从事重度危害作业的工作人员,应逐步实行轮换、短期脱离、缩短工时、进行预防性治疗等措施。患职业禁忌症和过敏症者,发现后应及时离开工作岗位。

 小贴士

化学类职业防护安全口诀

穿戴防护要做好,衣物口罩不可少。
自身安全须谨慎,防范知识要记牢。
发现问题及时报,应急救援少不了。
身体健康定期查,适度休息精神好。

三、应对措施

化学品在生产、储存和使用过程中,因容器意外破裂、遗洒造成的泄漏事故时有发生,因此需要采取及时、简单有效的安全技术措施来消除或减少危害,如果处置不当随时可能转化为火灾、爆炸、中毒等恶性事故。

（1）化学品一旦发生泄漏，首先要疏散无关人员，隔离泄漏污染区。

（2）如果是易燃易爆的化学品大量泄漏，一定要打119报警，请专业的防化人员和消防人员救援。

（3）如果泄漏的是易燃品，必须立即消除泄漏污染区内的各种火源。

（4）如果是在生产过程中发生的泄漏，要在统一的指挥下，通过关闭有关阀门、切断相关联的设备、管线、停止作业来控制泄漏。

（5）在参与处理泄漏的化学品时，要对化学品的性质和反应特征有充分的了解，绝对不要单独行动，要特别注意对呼吸系统、眼睛、皮肤的防护。

（6）如果是气体泄漏，首先应止住泄漏，用合理的通风使其扩散，不至于积聚，或者喷雾状水使之液化后处理。

（7）如果是少量的液体泄漏，可用沙土或者其他不可燃吸附剂进行吸附后再处理。

（8）如果是大量液体泄漏，可采用引流的方式引导到安全地点，覆盖表面减少蒸发，再进行转移处理。

（9）如果是固体物质泄漏，要用适当的工具收集泄漏物，并用水冲洗被污染的地面。

 本节思考题

（1）工作时发现自己身体有异常，如头晕目眩或闻到异常气味时，应该怎么做？

（2）当发现工作区域发生严重的化学品意外泄漏事故时，作为正在休息区休息的你首先应当做什么？

（3）入职前为什么必须进行与职业有关的身体检查？

9.4 物理因素安全

在生产和工作环境中与劳动者健康密切相关的物理因素主要有三大类，分别为气象条件类、噪声和振动类、非电离辐射类。

气象条件类有高温、低温、低气压、高气压、高原低氧等。高温环境包括炎热天气的户外作业以及高温车间，容易引起高温中暑。低温环境包括冬季寒冷天气户外作业以及人工低温的冷库、低温车间等，容易发生冻伤和低温症。低气压和高气压环境常出现在高空、高原、潜水、潜涵作业中，易对人的听觉系统、视觉系统和心血管系统产生不良影响。高原地区的环境为高原低氧，易发生高原病。

噪声对人体的影响是多方面的，很多加工企业的作业环境中噪声分贝都很高，噪声对听力系统、神经系统都有伤害，可能造成耳鸣、神经衰弱等。

在生产过程中由于机器转动、撞击或车船行驶等产生的振动为生产性振动，在使用风动工具（气锤、风钻、风镐等）、电动工具（电钻、电锯、电刨等）以及高速旋转工具（砂轮机、抛光机等）会接触到局部振动。长期局部振动可能对神经系统、心血管系统、骨骼肌肉系统、免疫系统和内分泌系统造成影响,典型的振动导致的职业病称为振动病,也称职业性雷诺现象、振动性血管神经病、气锤病和振动性白指病。

非电离辐射包括紫外线、光线、红内线、微波及无线电波等,非电离辐射的行业主要有焊接、冶炼、半导体材料加工、塑料制品热合、雷达导航、探测、电视、核物理研究、食品加工、医学理疗等,强度较大的辐射可能导致头昏、乏力、记忆力减退、月经紊乱等症状。激光是一种人造的、特殊类型的非电离辐射,广泛应用于精密机械的加工、通信、测距、微量元素分析、外科手术等领域,如果使用不当会对眼睛和皮肤产生伤害。

物理因素危害在某些生产中不可避免,因此针对物理因素的预防不是消除这些因素,而是设法控制在适宜的范围内。

一、案例警示

2013 年 7 月,福州连续多日发布高温橙色预警,最高气温超过 36℃,就在这样的高温天气里,福州苍山一建筑工地上,40 岁左右的四川外来工阿强突然晕倒,待工友发现异常并叫来救护车时,阿强心脏已经停止了跳动。据工友反映,当天中午,阿强一直在工地干活,下午,有工友看到他歪倒在工地上,还以为他准备躺下休息一会儿,就没在意。过了一会儿,有人发现阿强有些不对劲,喊他一点反应也没有,这才赶忙叫来救护车。

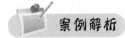

在高温天气下连续工作且不补充所需水分是十分危险的,极易造成中暑,严重时可能危及生命。由于缺乏自我保护意识,阿强在高温天气里仍连续长时间高强度工作,并且中途没有补充水分及其他物质,这是导致他死亡的主要原因。而同时也是由于安全意识的缺乏,其工友们既没有对他进行劝阻,也没有在他倒下时引起警觉,没有立即上前查看或大声询问。这使得阿强错过了最佳抢救时机。综上所述,无论是室内还是室外,当需要长时间处于高温环境进行作业时,都要注意及时补充水分、适时轮岗、适度休息等,以保证人身安全。

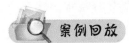

东莞欣鼎五金塑胶制品有限公司,是全球最大的户外家具制造商。目前,该公司欣鼎二厂打磨班 33 名工人查出职业病——职业性手臂振动病,其中第一批 6 名工人已被送到广东省职业病防治院接受一周的医学观察和治疗。来自贵州的陈昌忠在这个工厂做了 4 年的打磨

做好安全防护,远离职业危害

工,他告诉记者,为了赶工时,每天从早上8时到晚上10时,除了吃饭,工人们都只能在车间里拿着打磨机工作。直到被检查出"职业性手臂振动病",工人们才了解到它的存在。

从工人叙述中可知,工人们在上岗前没有接受相应培训,不了解打磨工作对自己身体可能造成的危害,因此没有采取相应的防护措施。此外,连续高强度的工作使工人们无法得到充分休息,身体损伤没能得到缓解及修复,导致其最终罹患手臂振动病。为减少职业病危害,对所从事的岗位有详细了解和培训是十分必要的,另外要尽量配齐防护用具,如减振的手套等,最重要的还是要注意调整工作强度,及时休息,定期体检。

二、安全建议

(1) 在应对气候类型的物理因素职业伤害时,首先要做好防护。例如高温车间,应对热源采取有效的隔热措施,常见的方法有利用流水吸走热量,或用隔热材料包裹热源管道等。加强通风也是改善环境最常用的方式。高温环境中作业还要注意补充水分和盐分,持续作业时间不能过长。

(2) 为防止发生冻伤应当做好防冻保护。穿着吸湿性强的防寒服,在潮湿环境下劳动时应穿戴橡胶长靴或橡胶围裙等,工作前后涂擦防护油膏,养成良好的卫生习惯。有心血管、肝、肾疾病的患者不宜从事低温作业。

(3) 高空、高原和高山均属于低气压环境,要预防高原病的发生。首先应进行适应性锻炼,实行分段登高,逐步适应。在高原地区应逐步增加劳动强度,对劳动定额和劳动强度应相应减少和严格控制。同时摄取高糖、多种维生素和易消化的食物,多饮水,不饮酒;注意保暖防寒、防冻、预防感冒。对进入高原地区的人员,应进行全面体格检查,凡有心、肝、肺、肾等疾病,高血压、严重贫血者,均不宜进入高原地区。

(4) 对于噪声危害的防护主要是控制和消除噪声源,如果工作和生产场所的噪声暂时不能控制,需要佩戴好个人防护用品,如耳塞、耳罩、帽盔等隔音防护用品。

(5) 如果经常接触噪声要定期进行听力检查,以便早期发现听力损伤。凡有听觉器官、心血管及神经系统疾患者,不宜参加有噪声的作业。要控制作业的时间,合理换班。

(6) 预防振动的危害应从工艺改革入手,改进工具,工具把手设缓冲装置,设计自动或半自动式操纵装置,减少手及肢体直接接触振动体,振动作业工人应发放双层衬垫无指手套或衬垫泡沫塑料的无指手套,以减振保暖。建立合理的劳动制度,订立工间休息及定期轮换制度,并对日接触振动时间给予一定限制。定期体检,及时发现和处理受到的振动损伤。

(7) 紫外线、光线、红内线、微波及无线电波等非电离辐射危害,最重要的是对电磁场辐射源进行屏蔽,其次是加大操作距离。在工作场所一定注意辐射源是否屏蔽良好,不要随意打开辐射源的机壳。认清辐射源周围的警示标志,不靠近辐射源,保持安全距离。作业时穿戴专业的防护衣帽和眼镜。

(8) 对于激光要有了解,严禁裸眼观看激光束,作业区要有醒目的警告牌,作业时佩戴合适的防护眼镜和防护手套,操作室不得安置能反射光束的设备。

小贴士

高原病的防护

初到高原心态好,防护口诀要记牢:乐观豁达莫恐高,防寒保暖不感冒;一日三餐不过饱,抽烟喝酒要减少;活动适量别快跑,身体不宜过疲劳;难以入眠莫心焦,高枕无忧睡好觉;咳嗽血痰可不妙,严格卧床吸氧早;头痛呕吐走路摇,立即就医须做到;早诊早治最重要,综合防治效果好。

三、应对措施

要掌握基本的急救知识,才能在发生物理因素伤害时进行及时的救助。

(1) 在电焊、气焊、气割等作业过程中,容易发生电光性眼炎,这是紫外线过量照射所引起的急性角膜炎,在急性期要卧床闭目休息,遮盖眼罩,减少光线对眼的刺激,使用潘妥卡因、地卡因等眼药水缓解疼痛,并及时就医。

(2) 出现高原病症状时要卧床休息,进行吸氧,及时送医进行药物治疗,在病情稳定时送离高原地区。

(3) 对于噪声、振动的影响要以预防为主,发现身体有不适,一定要及时就医,遵循医嘱进行治疗。

 本节思考题

(1) 何谓生产性振动?局部振动对人体有什么不良影响?

(2) 哪些行业可能接触到激光?如何防护激光对人体的伤害?

9.5 放射类因素安全

放射性是指元素从不稳定的原子核自发地放出射线,衰变形成稳定的元素而停止放射的现象。当环境中的放射性物质的放射水平高于自然水平,或超过规定的卫生标准,就成为放射性污染。很多人可能会认为只有在核战争或者核泄漏发生时才会导致放射性污染,离普通人很远,然而事实并非如此,许多行业的许多工种都存在着放射性因素的职业危害,比如石油和天然气开采业的钻井和测井、日用化学品制造业的感光材料检验、塑料制品业的塑料薄膜测厚、食品加工业的辐射灭菌和辐射保鲜、医药工业的放射性药物生产、辐射医学的X射线透视检查和介入治疗等。如果防护措施不当,就可能患上放射病,急性放射病可能引起造血障碍、发育停滞、皮肤溃疡、暂时或永久性不育,慢性放射病则会引起神经衰弱、白内障、造血系统或脏器功能改变。

当心放射性因素的职业危害

一、案例警示

案例回放

2008 年 4 月 11 日,山西亨泽辐照科技有限公司 5 名放射工作人员在该公司钴源室进行药材辐照作业时,因该放射源安全联锁装置已坏,误以为放射源已降到安全位置,他们虽携带巡测仪,但在未读数、未检查升降源标志的情况下进入辐照室进行药材装卸作业。其中 1 人在发现问题后,立即通知另外 4 人并开始撤出。在接受 20 分钟大剂量的辐射后,虽经过及时抢救,仍有 2 人在入院后 6 个月内相继死亡;另外 3 人经过治疗,除生殖功能有轻度、重度损伤外,病情基本稳定。

案例解析

这是一起后果严重的违章事故,事发原因有如下几点:第一,辐照室门机联锁装置早已失灵,未及时维修,工作人员出入辐照室无安全设备保障;第二,工作人员违章操作,进入辐照室之前,未按操作规程作业,也未通过多种渠道认真核实是否降源;第三,工作人员进入辐照室时虽携带直读式剂量仪,但未看读数,加之辐照室排风噪声大,掩盖了剂量仪的声响;第四,由于放射源正在辐照药材,井上的钴源架被四周货物遮挡,使人员误入后无法及时发现放射源在工作位置而尽快撤离。此次事故的发生充分暴露出该公司员工安全意识薄弱,对工作失误可能导致的危害没有清楚的认知。

案例回放

2005 年,一位从事医院放射工作近 30 年的医生,发现自己的双手出现皮肤干燥、色素沉着、粗糙、指甲灰暗、皮肤皲裂或萎缩变薄、毛细血管扩张、指甲增厚变形、角质突起、指端角化融合、肌腱挛缩、关节变形、功能障碍等症状。从他的叙述中可以了解到,在做胃钡餐检查或肢体骨折 X 线复位时,经常不戴防护手套。经湖南省劳动卫生职业病防治所诊断为放射性皮肤病。

案例解析

受到慢性放射性损伤,皮肤可发生扁平或疣状角质增生,或形成顽固性溃疡,可继发基底细胞癌或鳞癌。慢性放射性损伤多是超剂量照射或忽视个体防护所致。案例中的医生正是由于在工作中为病人做伴有放射性的检查时,没有戴防护手套,导致身体损害慢慢积累,最终患上放射性皮肤病。由此可见,从事放射工作的人员,必须坚持佩戴个人防护用品。

二、安全建议

（1）从事放射性工作的人员一定要有高度的警惕性，要严格遵守相关的行业规范守则，切不可掉以轻心。

（2）防止放射危害的根本方法是控制辐射源。在保证效用的前提下，尽量减少辐射源的用量。例如在工业探伤作业中，采用灵敏的影像增强装置，可减少照射剂量。

（3）时间控制。在作业时尽量减少人员受照射的时间，比如几人轮流操作、熟练操作技术、减少不必要的停留时间。

（4）屏蔽防护。既要注意检查放射源屏蔽设施是否完好，又要注意个人佩戴的屏蔽防护装备是否齐全。

（5）保持安全的操作距离。在保证效果的条件下，尽量远离辐射源，操作过程中切忌直接触摸放射源。

（6）从事放射性相关职业的人员最好建立特殊档案，定期体检。

（7）放射性工作场所要有明显的警示标志。工作人员在进入工作区时应随身携带便携式的专业放射性检测仪，以便能够随时预警。

（8）放射性废物也必须有明显标记，并进行专业处理。

（9）进行放射性相关操作后及时清洗体表、工作服、器皿等，以防放射性表面污染造成危害。手和皮肤的清洗可用肥皂、洗涤剂、高锰酸钾、柠檬酸等，不宜用有机溶剂。工作服若污染严重，要用草酸和磷酸钠的混合液洗涤，且不宜用手洗。

（10）工作单位应有处理应急事故的预案。

 小贴士

放射性工作安全口诀

放射工作有危险，遵守制度严把关；
途中查看听警报，安全押运防失盗；
剂量牌子不忘戴，剂量监测显关爱；
铅衣眼镜铅手套，护具穿戴防伤害；
持具装卸守规范，做好防控守安全。

三、应对措施

当工作场所的放射源或放射性物质在使用、运输、储存的过程中发生失控、丢失、被盗以及人员受超剂量照射事故时，应本着迅速报告、主动抢救、生命第一、控制事态恶化、保护现场收集证据的原则，做出快速反应。发生放射源被盗、丢失事故时，应立即通知主管部门，并向公安机关、卫生行政部门报告，配合侦查，尽快找回丢失的放射源。发生人员受超剂量照射事故时，除立即上报外，要迅速让受照人员就医，控制现场，无关人员快速撤离，防止事故蔓延。

本节思考题

（1）哪些行业有可能接触放射性物质？
（2）放射防护的常规方法有哪些？
（3）发生与放射性物质有关的紧急情况时应如何处理？

9.6　生物类因素安全

职业性的生物类有害因素是对生产原料和生产环境中存在的对职业人群健康有害的致病微生物、寄生虫、昆虫和其他动植物及其所产生的生物活性物质的统称。我国法定的职业性生物类有害因素包括布鲁氏菌、伯氏疏螺旋体、森林脑炎病毒、炭疽芽孢杆菌以及其他可能导致职业病的生物因素。较常接触生物因素的职业有畜牧业、养殖业、食品加工业、生物医药业等。生物因素导致的疾病很多具有传染性，据国家卫计委通报，2010年全国有报告的生物因素所致职业病201例，2014年上升到427例。在进行生物类因素相关职业时，要详细了解相关的专业知识，预防可能的危害。

一、案例警示

2011年8月，鞍山海城市发生皮肤炭疽疫情突发公共卫生事件，其中确诊病例2例，临床病例27例。29例患者均有典型的炭疽样皮肤改变，暴露部位的皮肤初期出现红斑、丘疹、水疱，周围组织肿胀及浸润。29例患者均与病牛有过接触，其中屠宰病畜人员14人，贩运4人，牛肉食品加工2人，牲畜装卸3人，饲养3人，毛皮加工1人，食用2人。疫情发生后，相关部门进行了紧急处理，受感染的人进行隔离救治，在对病牛处理方面，采取了高温焚烧的措施，将牛群焚烧后填土掩埋。

疫情在人群间传播前，已有不明原因病死牲畜出现，而患者在发病前有过私自宰杀可疑的病牛的情况，即患者在发病前14天内有过明确的牲畜接触史。正是各个环节中对相关人员、牲畜的不严格检查导致了此次疫情的扩大。相关人员不遵守操作规定，未按照相关要求穿戴防护装备即进行病畜屠宰，导致了其炭疽感染。在对病畜的处理上，经过高温焚烧，可避免二次感染，能够有效降低疫情复发的可能性，是处理病畜的正确方法。

蔡某,男,48岁,商人,主要从事皮毛收购业务。半个月前,蔡某无明显诱因开始出现发热症状,同时伴有乏力、头痛、四肢肌肉酸痛、大汗、双膝及双髋关节痛等症状。由于长期从事皮毛收购业务,对于相关传染病有着丰富经验,蔡某及时就诊。经诊断,蔡某感染了布氏杆菌病。在及时接受专业治疗的情况下,六周后蔡某顺利出院,出院两个月后症状复发,经过再次治疗,十周后症状消失,随诊半年无复发。

布氏杆菌病是由布氏杆菌引起的,以长期发热、关节疼痛,肝脾肿大和慢性化为特征的人畜共患传染病。其传染源主要为病畜,接触到感染了布氏杆菌的家畜或其皮毛,饮用未消毒的羊奶、牛奶,都有可能被感染。布氏杆菌的潜伏期一般为一周到三周。布氏杆菌病很难治愈且易复发。急性期临床表现除案例中提到的外,还有肝脾及淋巴结肿大、神经痛等。慢性期有神经、精神症状,以及骨、关节系统损害症状。蔡某的自我保护意识令他能够在病情进一步恶化前做出正确应对措施。从事此类易感染布氏杆菌的工作时,应当进行严格的自身身体状况监测,及时做出反应,防止病情恶化扩散。

二、安全建议

(1) 工作期间及工作前及时接种疫苗,定期进行身体检查,对自身身体状况有基本了解。

(2) 对身体出现发热、头痛或其他可能的发病征兆要有高度的警觉性,一旦感到身体不适要及时就医。

(3) 从事需要在森林中进行作业的工作时,如伐木、护林、中草药采摘等,要穿戴好五紧防护服及高筒靴,头戴防虫罩,防范被蜱虫或其他虫子叮咬,以免传染森林脑炎病等传染病。

(4) 从事须与动物直接或间接接触的工作时(如食品制造业、纺织业、畜牧业、皮革及其制造业、兽医等),需做如下防护。

① 按相关规定穿戴好工作服和工作鞋。

② 解剖动物、人工授精、购买皮毛时一定要戴好乳胶手套。

③ 业务人员不要带病工作,尤其是手上有伤口时,不要与动物直接接触,防止炭疽病的传播。

④ 工作衣物及时更换,且要经常用80℃以上的水浸泡20分钟,再用肥皂或洗衣粉洗涤。

⑤ 兽医人员在布氏杆菌病检疫采血时应戴乳胶手套、口罩、帽子,穿工作服、工作鞋,工作时禁止吸烟、吃零食、玩手机。

小贴士

生物类工作安全口诀

预防为主、防治结合、封闭管理、环境清洁；
严格消毒、疫情监控、疫苗接种、档案完备。

三、应对措施

在有暴雨、洪涝、泥石流等灾害发生后，当发现有牲畜或其他动物突然死亡的情况，应警惕是否为牲畜感染炭疽病毒。首先要上报当地的防疫部门，等待专业的工作人员来处理，不要接触动物尸体，不要触碰尸体周围的积水、血液杂草等，与动物尸体保持一定距离。当确定为炭疽感染后，严禁进行尸体解剖，由专业人员将尸体包装后运到指定地点焚烧。对牲畜活动的场地、畜栏地面、过道及周边连续三天用消毒水喷洒，污染的饲料、垫草、粪便要焚烧处理。未发病的牲畜要限制转移，实施监控，一个月后未有新病例发现方为安全。

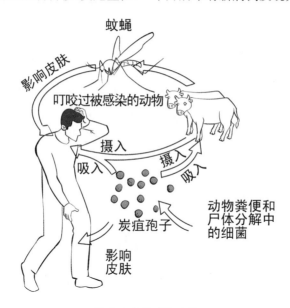

炭疽病毒的感染途径

蜱虫叮咬易引起森林脑炎，如果蜱虫已刺进皮肤，不可用力猛拉，以免蜱虫的刺连同头断在人的皮肤内形成溃疡，不易愈合。最好用油类或乙醚滴于蜱虫身体致其死亡，再轻轻摇动，缓缓拔出。如果刺已经断入皮肤，可用消毒针仔细挑出，再用碘酊或酒精消毒，并及时就医。

 本节思考题

（1）炭疽感染初期有哪些症状？

（2）炭疽病是怎样传染的？要怎样防范？

（3）从事与动物直接或间接接触的职业，要遵守哪些行业规范？

9.7 常见职业劳损防治

职业性劳损是指劳动者因工作需要经常进行重复而用力不适当的肌腱活动，或因工作时姿势不正确，而造成的肌肉骨骼运动系统损伤。劳损可以是因一次意外引起肌肉肌腱发炎，但大多数是日积月累的磨损造成的。比如经常操作计算机的人容易造成"键盘肘""鼠标手"，搬运重物时用力不当容易导致腰肌劳损，长期伏案工作的人容易患颈椎病等。职业性劳损不如前面介绍的职业病那样严重危害人身安全，但也会使人产生经常性的局部疼痛，影响生活质量，所以一定要在工作中注意身体姿势，控制工作强度，及时休息，避免形成职业性劳损。

一、案例警示

刘某，男，39岁，从事物流搬运行业。三个月以来，刘某时常感到腰部酸痛不适，不耐疲劳，不能仰卧，弯腰拾物时腰部有断裂感。经诊断，刘某患腰肌劳损。据刘某本人所说，为了多挣钱，他有时一天连续工作9小时，如果是就地装卸车，一天可抛货60立方米，若按质量来算，他一天大概要装卸30吨货物。在此期间，刘某认为自己身强力壮，这样高强度的工作并没有什么不妥，腰部刚开始有轻微酸痛，他并没有放在心上，也没有注意适当休息，久而久之导致慢性腰肌劳损。

腰肌劳损是腰部肌肉及其附着点筋膜或骨膜的慢性损伤性炎症，是腰痛的常见原因之一。其日积月累，可使肌纤维变性，甚而少量撕裂，形成瘢痕、纤维索条或粘连，遗留长期慢性腰背痛。刘某因平常高强度工作中不注意保护腰肌，腰部开始酸痛时没有引起警觉，没有进行及时、充分的休息，使症状愈加严重。

贾某，女，32岁，从事文秘工作。某天清晨，贾某从家开车去公司上班，刚过一座桥，突然不知怎么了，右手开始发麻、无力，连方向盘都无法握稳。幸好及时靠边，没有造成交通危险。当天，贾某被确诊为腕管综合征，也就是俗称的"鼠标手"。贾某知道伏案久了、电脑用久了会对颈椎、腰椎不好，工作间歇也时常进行相应的放松、锻炼，但从未意识到手上的病也会如此严重。她回想起每天实际工作时间都超过10小时，而她的日常工作除了偶尔递送文件外,一般都是在电脑桌前完成,有时候是手写,但更多时候是用电脑打字。长久地使用鼠标、键盘是其患腕管综合征的直接原因。

案例解析

"鼠标手"是指腕部重复性受压力伤害,病理上导致食指和中指疼痛、麻木与拇指肌肉无力感。有数据显示,在100人中就有5~10人不同程度患有腕管综合征,其中文案、教师等群体高发,但也有很多长期打游戏的年轻人,长期重复一个手部运动,很容易导致患病。而女性腕管综合征发病概率比男性高出约3倍。过度使用手指,尤其是重复性的活动,如长时间用鼠标或打字等,可造成"鼠标手"。因此在日常工作、生活中,要注意正确工作姿势,而且不要过长时间使用电脑。

适度放松,远离"鼠标手"

二、安全建议

(1)伏案工作者,应注意调整操作台的高度,使操作台略低于肘部,以避免前臂过度伸展、手腕弯曲及扭转等动作。连续工作时间不宜过长,连续工作一小时后做一些手臂伸展、握拳等放松练习。

(2)经常使用电脑的工作者要注意视线与电脑屏幕齐平,不要长时间低头工作。

(3)眼睛不要长时间盯着屏幕,可增加眨眼的次数,缓解眼睛干涩,经常做眼保健操,缓解眼部周围肌肉的紧张。

(4)需要长时间站立的工作者,尽量选择底厚且有弹性的鞋子,保护足部,可穿戴防静脉曲张的弹力袜。连续工作一小时后可做抬高腿部的动作,帮助静脉血回流。

(5)经常搬重物的工作者,采用正确的发力方法,背部收紧,使用大腿肌肉发力,减少腰部的损伤。

(6)如果需要重体力劳动,应安排好轮班,避免一个人或一个岗位负担过重。

(7)因劳损引起的局部疼痛,要遵医嘱,不要盲目用止痛药。

小贴士

职业性劳损易发人群

长时间操作计算机者;长时间站立工作者;长时间蹲姿或跪姿工作者。

三、应对措施

职业性劳损虽然大多数是日积月累造成的,但也存在因一次意外引起肌肉肌腱发炎的情况,搬重物或其他用力的动作扭到腰时,首先要固定腰背部,身体平卧,以利于损伤组织获得正常愈合。不要盲目移动、活动身体,不要盲目按摩,及时送医后遵医嘱治疗。情况严重的病例,通常要卧床2~3周,以石膏进行腰部制动。情况较轻的,休息2~3天后,戴简易腰围护具可起床活动。后期可遵医嘱使用理疗、药敷、针灸、局部按摩等手段进行治疗。在恢复阶段要注意康复锻炼,以恢复腰背肌功能为主,从静止状态下肌肉自主收缩开始,循序渐进,无明显疼痛后再增加运动量。

 本节思考题

(1) 若你是一个从事办公室文书工作的职员,需要经常坐在办公桌前使用电脑或伏案写字,你应当怎样预防职业性劳损? 请分条说明做法及用意。

(2) 若你从事的是一份需要长时间站立的职业,应如何避免下肢静脉曲张?

(3) 当你发现自己可能患上了某种职业性劳损时,你应该怎么做?

单元 10

运动损伤的预防与应对措施

　　运动损伤是人们在体育运动的过程中,由于不同的原因所导致的损伤。例如,著名运动员刘翔的跟腱炎、篮球运动员姚明的左脚踝应力性骨折、网球运动员李娜的"网球膝"等。中职学生处于身心发展的旺盛期,好动、好胜、好强,在参加体育活动时,自控能力不足,防范意识不强,时常发生运动损伤,对学习和生活造成一定的影响。因此,掌握一些运动损伤的预防和应急处理措施,不仅有利于减少运动损伤发生的概率,在发生运动损伤时还能做一些简单的应急处理,加快伤痛的愈合进程。

　　为防范学校体育运动风险,保护学生、教师和学校的合法权益,保障学校体育工作健康、有序开展,教育部根据《义务教育法》《未成年人保护法》《侵权责任法》等法律,于2015年制定了《学校体育运动风险防控暂行办法》,其对教育主管部门、学校、教师等行为和责任进行了规范,并对体育运动伤害事故的防范和处理做出了规定,彰显了国家对青少年学生运动损伤的重视。本单元对常见的运动损伤进行了介绍,讲解了相应的应急措施,为同学们自救和他救提供参考。

10.1　皮　肤　擦　伤

　　擦伤是指在运动的过程中,人体的皮肤由于受到外界物质的摩擦而发生的表皮破损的情况,创口处有组织液或血液渗出,常伴随着表皮脱落。擦伤属于毛细血管出血的一种,血色鲜红,血液如水珠从创面渗出,量少,可自动凝固,危险系数小。擦伤是运动中最常发生的一种损伤,多发生于对抗性项目活动及摔倒等,手掌、肘部和膝关节是容易发生擦伤的部位。

一、案例警示

案例回放

　　2015年冬天,北京市某中学,中午刚刚下课,几名学生衣着单薄跑到室外场地打篮球,当一名学生跳起准备投篮时,另一名学生想到篮下争抢篮板球,两名学生发生了冲撞,导致投篮学生因冲撞摔落下来,致使右臂、右腿大面积擦伤。

 案例解析

　　由于冬季天气比较寒冷,室外场地变得更加坚硬,学生在运动前,并未充分进行热身活动,加之求胜心理较强,自我保护意识较弱,造成了受伤的状况。因此在运动之前,一定要做准备活动,尤其在不熟悉的场地和恶劣的环境下,要充分热身,并仔细观察场地器材,排除隐患。在游戏比赛的过程中,避免做危险动作,在保护自己的同时也要注意保护他人。发生擦伤后,要注意避免伤口感染,进行清创处理,及时就医。

 **案例回放**

　　一天,王某和蔡某一起放学后去探险,他们发现一个比较陡峭的墙面,就想爬上去,王某先上,蔡某在下面托着王某帮助其攀爬。但是,城墙年久荒芜,墙面有很多地方并不是很牢固,王某想扒住墙沿却失了手,从高处摔了下来,蔡某也随之摔倒。王某腿上大面积擦伤,由于地面石土较多,还使得伤口上沾染了很多泥沙,去医院处理的时候十分麻烦。

 **案例解析**

　　青少年总是对周围的环境和事物充满了好奇心,但是,随着年龄的增长,我们要对周围的环境有一定的判断力。首先,学生王某和蔡某不应该随意到荒废的城墙进行“探险”游戏,如想要进行类似活动,应由有经验者带领。其次,学生王某和蔡某在废弃城墙攀爬的时候,并没有对其进行仔细的观察,未发现墙体年久荒废无法承受重力。因此,作为青少年,要时刻提醒自己注意安全,要仔细观察周围环境,避免发生更严重的伤害。

二、安全建议

　　(1)运动前要做好充分的准备活动,减少伤害事故的发生。

　　(2)运动前要熟悉场地器材,排除安全隐患,尽量选择平整开阔的场地参加运动。

　　(3)运动中要提高自我保护意识,避免做危险动作,同时要有保护他人的意识。

　　(4)摔倒时尽量采用侧向翻滚的姿势,减少身体与地面的摩擦,尤其注意保护头部和面部。

　　(5)擦伤后要保持伤口清洁、干燥,以免感染,伤口结痂后尽量让其自行脱落,不要强行揭下,以免延长愈合时间,甚至留下疤痕。

　　(6)注意天气变化,不要在恶劣天气环境下做剧烈运动。

　　(7)遵守运动规律,合理安排运动量和运动强度。

　　(8)参加比较危险的运动项目时,尽量佩戴护具。

小贴士

擦伤处理口诀

擦伤是小,烦恼不少;

止血清创,及时涂药;

无菌纱布,加压包好;

抬高伤肢,保持干燥;

避免感染,结痂自掉。

擦伤的处理

三、应对措施

　　擦伤较轻时,在伤口处涂些红药水即可。如果创口较脏,可以用清水冲洗干净,避免伤口愈合后脏东西留在皮肤内。如果创面较大,在清洁消毒后,则需要敷上敷料,用纱布包扎好。如果伤情较重,应及时到医务室处理。主要原则:先清理、再消毒、创口异物仔细除;配敷料、缠纱布、包扎妥当疤痕无。

本节思考题

　　(1) 运动中怎样才能有效避免擦伤的发生?

　　(2) 如果在运动中发生擦伤,应该如何处理?

10.2　肌肉拉伤

　　肌肉拉伤是体育运动中最常见的损伤之一,是闭合性软组织损伤的一种。肌肉拉伤是指肌肉在运动中,过度的收缩或牵拉而所致的损伤。肌肉拉伤分为主动拉伤和被动拉伤。主动拉伤是由于肌肉做主动的收缩时,如果用力过猛,其力量超过了肌肉本身所能承

担的能力而导致的伤害,比如举重运动弯腰抓提杠铃时,竖脊肌由于强烈收缩而拉伤;被动拉伤主要是肌肉用力牵拉时超过了肌肉本身的伸展程度而导致的伤害,比如在做前压腿、纵劈叉等练习时,突然用力过猛,可使大腿后群肌肉过度被动拉长而发生损伤。在日常生活中,大腿后群肌肉的拉伤最为常见。此外,大腿内收肌、腰背肌、腹直肌、小腿三头肌、上臂肌等都是肌肉拉伤的易发部位。拉伤后,受伤的部位常常伴随着剧痛,肌肉还有索条状硬块的明显手触感,严重的还会发生皮下组织出血或肿胀,导致运动以及日常活动受限。

一、案例警示

　　某学校体育课进行跨栏学习,学生王楠显现出对于该项目极高的兴趣。一天上体育课前,老师刚刚摆上器材,王楠就想在同学们面前秀一秀自己的跨栏技术,三步并作两步过了两个栏,随即看到王楠一瘸一拐的,走路都困难了。去了医务室,诊断为肌肉拉伤。

　　案例中,王楠在进行跨栏展示前,并未进行准备活动,肌肉的生理机能并没有达到适合运动的状态,而且,作为一个普通的中学生,王楠未经过跨栏的专项学习,其跨栏技术与个人训练水平不足,从而导致肌肉拉伤。

　　刘兴是某中学的一名排球运动员。2014年春,由于比赛临近,排球队的训练强度越来越大,刘兴感觉力不从心,但是,为了争取比赛机会,他从来都不请假休息,一直坚持训练。一天,刘兴作为二传手,刚刚想要去传球,但是由于球与自身距离过远,刘兴一大步跨出去,想要补救,但是就因为这一大步,导致他右腿大腿后群肌肉拉伤,无缘中学生排球比赛。

　　在临近比赛前,刘兴由于参与训练的负荷量过大,而导致其身体疲劳,致使刘兴的肌肉机能下降,力量减弱,协调性也会随之降低;运动时,如果精力不足,注意力不集中,动作过猛就容易引起肌肉拉伤。在肌肉拉伤之后,要让身体得到充分的休息,防止二度拉伤给受伤部位造成更严重的伤害。

二、安全建议

（1）做好准备活动。

（2）合理安排运动量。

（3）加强易伤部位的力量与柔韧性。

（4）提高身体各方面素质，提高运动技术及动作协调性。

（5）天气冷时注意保暖。

（6）提高自我保护意识，注意观察肌肉的反应，对肌肉的硬度、弹力、韧性以及疲劳程度有明确的判断。

 小贴士

预防拉伤口诀

重视热身，注意保暖，加强力量，增强柔韧，适当休息，自我鉴定。

三、应对措施

在肌肉拉伤的急性期内（伤后 24～48 小时，视受伤严重程度而定），首先遵循"RICE 原则"，即 Rest（休息）；Ice（冷敷）；Compression（加压包扎）；Elevation（抬高伤肢）。

休息：制动就是立即停止运动，让损伤部位马上处于不动的静止状态。这样会将皮下组织出血或肿胀控制在最小。

冷敷：受伤后要马上进行冷敷。条件允许时用冰袋冷敷，也可用冷水浸泡或冲洗，冷敷既可以减轻疼痛和痉挛，又可以降低细胞代谢速率，降低细胞坏死风险，还可以在一定程度上控制损伤部位的肿胀，使血液的黏度增加，毛细血管的浸透性降低，减少皮下组织出血。冷敷是间断性的，时间不宜过长，20～30 分钟一次，间隔为皮肤回暖，即可再冷敷，直至疼痛缓解。

加压包扎：加压包扎是为了使损伤部位皮下出血现象减轻，并促进其吸收。在肌肉拉伤的加压包扎中，常用弹性绷带，按照环形、螺旋形或"8"字形进行包扎。加压要在受伤的一天中连续使用。压迫可与冰敷同时进行，即将冰袋用弹性绷带包裹在损伤部位。

抬高伤肢：将损伤部位抬到比心脏高的位置。抬高伤肢也是为了减轻皮下组织出血，促进静脉血的回流，减轻肿胀。

视受伤严重程度，在 24～48 小时之后采用热敷、理疗、按摩、针灸等方法进行恢复治疗。

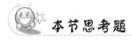 本节思考题

（1）在运动时身体哪些部位容易发生拉伤？

（2）如果发生急性拉伤，应该遵循什么原则？如何处理？

10.3 关节扭伤

扭伤属于闭合性软组织损伤的一种,多是指关节发生了超范围的活动,同拉伤有相似之处,其主要是关节内外侧副韧带的损伤,而迫使关节活动受限。关节扭伤常伴随着较为严重的肿胀和剧烈的疼痛。轻则部分韧带纤维撕裂,重则可使韧带完全断裂或韧带及关节囊附着处的骨质撕脱,甚至发生关节脱位。关节扭伤以踝关节最为多见,膝关节和腕关节也常有发生。在运动时,要十分注意,尽量避免扭伤。

一、案例警示

2014年11月的一天,乌鲁木齐一所中学的学生正在上足球课,体育老师带领学生做完准备活动后,在球场码放了四路等距离的标志物,让学生进行运球绕标志物练习。张磊雷同学在运球时,由于精力不集中,运球脚抬得过高,踩在了球上,摔倒在地,经医院诊断为左脚踝扭伤。

张磊雷在运球绕标志物的时候,注意力不够集中,不慎踩在球上,球受外力而滚动,导致张磊雷失去重心跌倒,使踝关节过度扭转而受伤。参加体育运动时,经常因为注意力不集中、不按技术要领做动作等引发意外伤害,影响学习和生活。

林帅是一名网球爱好者,经常拿上自己心爱的球拍约上朋友去家附近的网球场打网球。2014年11月,林帅和往常一样去打球,并与朋友相约打一场比赛。比赛过程中,林帅在身体非稳定状态下挥拍迎击一次离自己较远的来球,这时,旁边球场的一只球正好飞来,打在林帅的腿部,林帅下意识转体躲球,致使自己右膝外旋过猛,扭伤了膝关节。

由于受到网球快速的撞击,加之身体过度的扭转,让林帅的膝关节周围皮肉筋脉受损。在业余比赛中,参赛选手经常会在技术或状态不当的情况下做出错误举动,从而导致运动损伤。青少年要克服这种心理,提高自我保护意识,对于超出能力范围的技术动作应该适当放弃。

二、安全建议

（1）充分做好准备活动。

（2）运动时注意力集中，随时观察周围变化。

（3）有器材时，不仅要关注自我身体情况的变化，也要关注器材的运动轨迹。

（4）注意放松，减轻肌肉疲劳。

（5）及时判断自我状态，防止局部关节负担过重。

（6）加强关节周围肌肉力量练习，加强关节周围韧带韧性练习。

 小贴士

预防扭伤口诀

准备活动要做好，时常关注场周遭，适当放松抗疲劳，增强力量防摔倒。

三、应对措施

扭伤与拉伤的处理方法相同，急性期采用"RICE 原则"处理，即 Rest；Ice；Compression；Elevation。在 24～48 小时之后采用热敷、理疗、按摩、针灸等方法进行恢复治疗。包扎时，除了加压，还要固定，限制关节活动。

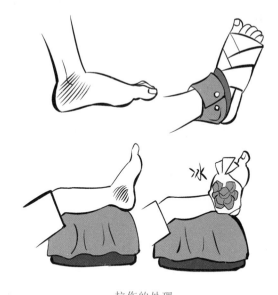

拉伤的处理

 本节思考题

（1）如果你的同伴在运动中扭伤了踝关节，你该如何帮助他处理？

（2）你认为怎样才可以在运动中避免扭伤？

10.4　软组织挫伤

挫伤属于闭合性软组织损伤的一种,是钝性物体作用于人体的软组织而发生的伤害,主要是外力直接作用的皮下或深层组织的损伤,一般可分为急性损伤和慢性积累性损伤两大类。运动中的挫伤,主要是器械、器材作用于运动者的身体,使之局部发生肿胀和疼痛。在运动中,常常出现很多挫伤的现象,例如,棒球棒打到人体、球拍挥到人体、不小心撞击到器材上等。伤害不严重的,多是毛细血管破裂造成皮下组织出血或肿胀,伤害较严重的,会引起血肿、肌肉、肌腱断裂、血管神经损伤、休克甚至死亡。一般挫伤常伴有疼痛、肿胀、功能障碍、伤口或创面等。

一、案例警示

2010 年 9 月 10 日下午,某中学二年级学生上体育课。其间,学生张某在练习投掷实心球的过程中,由于动作变形,实心球偏离方向,正好砸在李某小腿上。后李某被送往医院,因小腿肿胀严重,肌腱也受到损伤,不得不在医院疗养两个月。

学生在进行持器械练习的时候,要注意观察周围学生与自己的距离,不能盲目判断器材飞行的方向,要确保不会伤害到其他人。周围同学在等待、观看、练习的过程中,也应该提高警惕,确保自己处于安全的距离范围,随时观察正在练习的同学是否会对自身构成直接威胁,防止发生意外伤害事故。

中学生刘某在学校健身房健身时,边看手机边朝深蹲架方向走,不小心撞到了器材架子上,额头随即肿起一个大包,疼痛难忍。

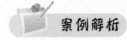

在器械较多的健身房健身时,一定要集中注意力,按照器材要求进行练习。换器材练习时不要低头走路,更不能边看手机边走路,防止碰撞到器材,发生伤害事故。在日常生活中也要避免边看手机边走路,这样不仅容易造成意外伤害,还容易损伤眼睛、颈椎等器官。

二、安全建议

（1）运动时，集中注意力，提高安全意识。

（2）运动时注意自己和他人的活动范围。

（3）注意关注器械位置变化。

（4）主动判断安全运动距离。

（5）运动中，不要因得分、失误、不小心的冲撞产生暴力行为。

（6）提高个人身体素质，预防运动中由于自身原因造成碰撞。

不要打架斗殴，防止挫伤

（7）体育课上，要听从教师安排与安全提示；课下进行活动时，要互相提醒，观察周围环境，选择适宜运动的场地和器材。

小贴士

预防挫伤口诀

注意力要集中，器材距离准判定；反暴力抗打击，互相提醒促友情。

三、应对措施

软组织挫伤一定要正确处理，软组织的挫伤恢复比较缓慢，如果处理不当，可能会留下不同程度的功能性障碍。在软组织挫伤中，分为急性损伤和慢性损伤两种，如果急性损伤未处理好，将会转变为慢性损伤，出现劳损。

（1）出现挫伤不要慌张，要摆正心态，了解自身损伤情况和程度。

（2）采用"RICE原则"处理，即 Rest；Ice；Compression；Elevation。视伤势严重程度，在 24～48 小时之后采用热敷、理疗、按摩、针灸等方法进行恢复治疗。

（3）如果在发生挫伤后自己无法处理时，要迅速拨打医务室或急救电话。

 **本节思考题**

（1）什么是挫伤？

（2）如果你的同伴和你一起运动时，出现软组织挫伤，你如何判断，如何帮助同伴处理？

10.5 骨 折

骨折是运动损伤中损伤程度较为严重的一种，是指骨与骨小梁的连续性发生了断裂。骨折时常伴随着剧烈的疼痛、肿胀、瘀血、畸形、非关节异常活动、摩擦音、功能性障碍等。常用的骨折分类有两种，按照骨断裂的程度分为不完全骨折和完全骨折；按照骨周围软组织的损伤程度分为闭合性骨折和开放性骨折。日常生活以及运动训练中，不经意的牵拉、直接性的撞击、间接性的撞击等都可能会导致骨折。

一、案例警示

 案例回放

2013 年暑假，北京某中学的于某与同学相约去骑行，从北京市区出发，向平谷方向骑行，一路上，欢声笑语，甚是兴奋。当行至平谷某乡间小道时，由于前两天大雨所致，道路有些坑坑洼洼，就在于某回头和同伴说话时，其自行车轧上了一颗直径约 10cm 的石头，随之，于某从自行车上摔了下来，致右臂骨折，右肩骨裂。

 案例解析

于某这种情况主要是自己在骑行的过程中注意力不集中，在户外遇到路况复杂的路段，并没有认真观察周围环境，随意回头和同伴说话，掉以轻心，当自己的自行车在遇到障碍时，无法及时控制方向和平衡，致使自己摔落在地，引起骨折和骨裂（即裂纹骨折，是众多骨折中症状比较轻微的一种）。

 案例回放

张文，某中学运动骨干，在参加一次年级足球对抗赛时，被对方球员王航铲倒，导致小腿骨折。王航在铲球时没有碰到球，而是直接踹到了张文的小腿上，从而导致伤害事故。

身体直接接触的运动项目,难免会有碰撞,尤其在篮球和足球比赛中,容易因激烈的对抗、不适当的动作等引发运动损伤,所以在运动中一定要学会自我保护和保护他人,避免做危险动作,防止发生运动损伤。

二、安全建议

(1)认真学习运动注意事项,提高安全意识。

(2)运动前做好准备活动,使机体达到适宜运动的状态,佩戴必要的护具,尤其是户外运动。

(3)运动中,要集中注意力,不做危险动作。

(4)运动中,如果跌倒,要选择合适的缓冲动作,避免用手臂撑地。

(5)运动中,禁止随意拿器械与同伴打闹,避免伤及无辜。

(6)运动中,要注意合理安排运动负荷,避免形成疲劳性骨折。

(7)尽量选择平整开阔的场地进行运动。

(8)加强锻炼,增强骨骼肌力。

(9)饮食方面,多摄入蛋奶、豆制品等含钙较高的食物。

骨折的专有体征

(1)畸形:骨折段移位可使患肢外形发生改变,主要表现为缩短。

(2)异常活动:正常情况下肢体不能活动的部位,骨折后出现不正常的活动。

(3)骨擦音或骨擦感:骨折后,两骨折的骨端相互摩擦时,可产生骨擦音或骨擦感。

三、应对措施

骨折后要对骨折部位进行固定。如果在野外,可以就地取材,借用木板、竹竿、树枝等临时固定。固定范围必须包括骨折邻近的关节,如前臂骨折,固定范围应包括肘关节和腕关节。如果事故现场没有这些材料,可以利用伤者自身进行固定:上肢骨折者可将伤肢与躯干固定;下肢骨折者可将伤肢与健康侧的肢体固定。固定好后立即送医院治疗。

1. 骨折的急救原则

(1)防休克。

(2)原地固定。

(3)止血包扎。

遇有呼吸、心跳停止者先实行复苏措施,出血休克者先止血,病情有根本好转后再进行固定。如果无法及时处理,马上联系老师或拨打急救电话。

2. 腕关节骨折

用两块小夹板分别放在前臂的掌侧和背侧,板夹从肘到掌,用宽带子缠绕固定夹板。

3. 前臂骨折

用两块小夹板分别放在前臂的掌侧和背侧,板夹从肘到掌,屈肘 90°,拇指朝上。用宽带子缠绕固定夹板。再用小悬臂带把前臂挂于胸前。

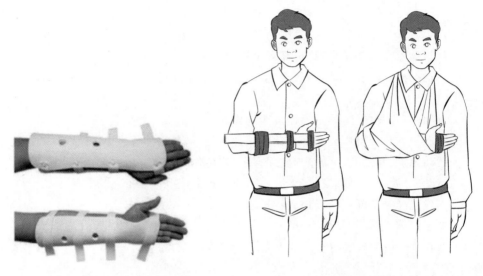

腕关节骨折的处理　　　　　　　　　前臂骨折的处理

4. 小腿骨折

用两块小夹板放在小腿的内、外侧,两块夹板上自大腿中部,下至足部。用宽带子分别在膝上、膝下及踝部缚扎固定。

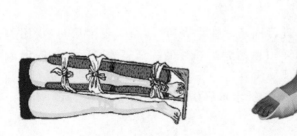

小腿骨折的处理

5. 踝足部骨折

采用直角夹板固定。脱鞋,取一块直角夹板置于小腿后侧,用棉花或软布在踝部和小腿下部垫好后,再用宽带子分别在膝下、踝上和足部缚扎固定。

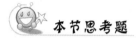 **本节思考题**

（1）你在运动时，发生过骨折吗？如何在运动中预防骨折？

（2）发生骨折时，你会如何帮助伤者进行简单处理？举例说明。

10.6　脱　臼

　　脱臼就是关节脱位，是指组成关节的各骨的关节面失去正常的位置关系，临床上可分为损伤性脱位、先天性脱位及病理性脱位。关节脱位常伴随着剧烈的疼痛，会使我们丧失正常的活动能力，受伤部位还会出现畸形状态，关节脱位后，关节囊、韧带、关节软骨及肌肉等组织也都会受到损伤，若不及时复位，会造成关节粘连，不同程度地丧失关节功能。关节脱位多发生在肩关节、肘关节以及手指关节。

一、案例警示

 **案例回放**

　　2014 年环法自行车比赛中，外界都认为卡文迪什会夺得冠军。可是最后 1 千米，坎切拉拉的提前冲刺打乱了很多车队的比赛节奏，最后 300 米，卡文迪什在卡位时与澳大利亚一名车手发生碰撞，摔倒在地并引发了连锁摔车事故。卡文迪什不仅夺冠无望，甚至倒地时还痛苦地抱着自己的右肩。卡文迪什第一时间被送往了当地医院做了核磁共振扫描，诊断为右肩脱臼。

 **案例解析**

　　卡文迪什右肩脱臼是因间接暴力所致，如果跌倒时上肢外展外旋，手掌或肘部先着地，地面的反作用力会沿肱骨纵轴向上冲击，关节间薄弱部撕脱关节囊，向前下脱出，形成脱位。也可能是因为肩关节内收内旋位跌倒时手部着地引起。当然，肩关节脱位要十分重视，如在初期治疗不当，可发生习惯性脱位。

 **案例回放**

　　2011 年的暑假，王某和小伙伴们在球场打篮球，王某跳起投篮，右手持球，左手护球，小伙伴张某跳起阻止其投篮，不小心扒到王某的左臂，导致王某左肩脱臼。其中一个小伙伴赵某，声称自己可以让其脱臼复原，就想尝试帮助王某脱臼复位，试了几次以后，王某疼痛难忍，依旧未出现好转。随即，张某拨打 120 急救电话，将王某送往医院进行救治。大

夫帮助王某关节复位时,了解了其病情,对赵某和王某都提出了批评,在不能确定伤情的情况下,不能擅自帮助关节复位,要及时到医院就医。

 案例解析

本案例中,王某左肩脱臼是由于不经意的暴力行为所致。事件中,赵某不应该草率帮助王某进行脱臼的复位,应该及时联系医院进行救治。在无法了解伤情和缺乏专业知识的时候,不能擅自进行关节复位。如果复位成功则无妨,如果复位不成功,可能会对后面的救治造成影响,甚至会对伤者日后的日常活动造成不良影响。

二、安全建议

(1) 认真做好准备活动,尤其是关节的绕环、伸展。

(2) 运动前,选择平整开阔的场地,检查器械是否牢固。

(3) 根据项目特点,在易伤部位配备护具。

(4) 做适合自己的运动,量力而行,避免做危险动作。

(5) 要尽量避免暴力地直接冲撞,倒地时适当利用滚翻进行缓冲,降低损伤程度。

(6) 运动中,如有对抗,尽量不要过猛过激拉扯、碰撞。

 小贴士

肩关节脱臼体征

(1) 伤肩肿胀,疼痛,主动和被动活动受限。

(2) 患肢固定于轻度外展位,常以健康手托患臂,头和躯干向患侧倾斜。

(3) 肩三角肌塌陷,呈方肩畸形,在腋窝、喙突下或锁骨下可触及移位的肱骨头,关节盂空虚。

(4) 搭肩试验阳性,患侧手靠胸时,手掌不能搭在对侧肩部。

三、应对措施

1. 应急步骤

(1) 保持安静、不要活动,更不可揉搓受伤的部位,避免再度受伤。

(2) 检查是否有其他伤处,注意保暖并防止休克,通常以坐姿最舒服。

(3) 确认受伤程度。

(4) 联系教师或拨打120,送往医院。

(5) 进行临时简单地应急固定。

2. 肩关节脱臼应急固定

两条三角巾,分别折成宽带状,一条用于悬挂前臂,一条绕过受伤侧上臂,在健康侧的腋下打结。

肩关节脱臼的处理

3. 肘关节脱臼应急固定

用可弯折的夹板弯成贴合肘关节的角度,放置于肘后,用绷带包扎,再利用三角巾挂起前臂。

肘关节脱臼的处理

本节思考题

（1）如何判定肩关节脱臼？

（2）如果同伴在运动中发生肘关节脱臼,你会如何判断,如何帮助同伴进行救治？

10.7　肌肉痉挛

痉挛就是我们常说的抽筋,是肌肉不自主地发生强直收缩所表现出的一种状态。发生肌肉痉挛常常伴有疼痛,肌肉也会由于剧烈地收缩而发硬,相关关节处功能障碍,持续时间根据个人情况不同。肌肉痉挛发生的原因有很多,例如,肌肉疲劳时仍持续运动;水分和盐分流失过多;环境温度突然改变;情绪过度紧张;身体局部循环不良;食物中的矿物质(钙、美)含量不足;运动姿势不当或肌肉协调性不好等。在我们的日常运动中,痉挛出现的部位多为小腿,即小腿腓肠肌。痉挛有的时候是会扩散的,例如小腿腓肠肌痉挛不及时处理也会引起大腿肌群痉挛。

一、案例警示

案例回放

2015年12月,北京市某中学进行体育国家体质健康测试的耐久跑考试,男生王某衣着单薄,在1000米测试跑到800米左右的时候,突然倒地,随之双手抱住左腿,痛苦难耐。体育老师闻讯赶来,判断该学生左腿小腿肌肉痉挛,随后,体育老师采取措施,帮助其缓解痉挛。

案例解析

中学生在进行耐久跑测试的时候,常出现恐惧心理,并误以为做准备活动会损耗体力,影响测试成绩,因此,会在准备活动时偷懒。要纠正对于准备活动的认识,使身体达到适宜运动的状态。天气寒冷时,也要注意保暖,冷空气的刺激容易加剧肌肉的强直收缩,从而导致肌肉痉挛。

 案例回放

　　2014年夏天,某大学在进行院系羽毛球赛,由于参赛人员过多,赛事安排比较密集,间歇时间较短。学生刘某在刚刚进行完激烈的男子单打比赛后,又去参加混双比赛。赛程过半的时候,刘某突然倒地,疼痛难忍,发生小腿肌肉痉挛,同学立即帮其拉伸。尚未完全缓解时,刘某的另一侧小腿肌肉也开始痉挛,随后扩展到大腿、上肢,引起全身痉挛抽搐,并伴随呕吐、晕厥,后被急救车送往医院进行输液治疗。

 案例解析

　　王某在高温季节持续大强度运动,大量的排汗导致其丢失大量电解质;连续的比赛,肌肉会连续过快地收缩,比赛间歇过短,致使肌肉收缩和放松的协调性紊乱;长时间比赛造成机体疲劳,直接影响肌肉的反应能力和相应的生理功能,肌肉中乳酸堆积对肌肉造成刺激,多种原因造成肌肉痉挛。

二、安全建议

　　(1)认真做好准备活动,充分热身,使机体达到适宜运动的状态。
　　(2)加强锻炼,提高机体抗寒与有氧代谢能力。
　　(3)冬季运动要注意保暖。
　　(4)夏季运动要注意运动量适宜,及时补充电解质。
　　(5)游泳时,要先淋浴,再进泳池。
　　(6)运动中要注意及时补充水分和能量。
　　(7)注意合理安排运动负荷,量力而行。
　　(8)运动后要注意放松按摩,促进机体恢复。

 小贴士

预防肌肉痉挛口诀

拉拉筋,抻抻腿,冬保暖,夏补水;
适运动,多放松,促恢复,长技能。

三、应对措施

　　小腿肌肉痉挛时,患者可用抽筋腿的前脚掌着地,直膝向后蹬伸,也可呈坐位,伸直发生抽筋的下肢,躯干前屈,用双手扳住前脚掌,缓慢、持续向躯干侧牵拉,直至痉挛缓解。由他人帮助牵拉时,患者采取仰卧位,抬起患者患肢到垂直位,并使膝关节伸直,用手持续向下推压患者的前脚掌。牵拉时不要用暴力,以免造成肌肉损伤。如果痉挛较为严重,要迅速拨打急救电话,送往医院救治。

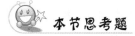 **本节思考题**

（1）什么情况下容易引起肌肉痉挛？

（2）如何预防运动中出现肌肉痉挛？如果出现痉挛如何处理？

10.8　运动性腹痛

我们经常会在中长跑、自行车骑行、篮球、足球、马拉松等项目中出现腹痛这一症状，通常是由于激烈的运动引起的一种短暂的非疾病原因的紊乱，一般停止运动后腹痛症状会缓解。导致运动中腹痛的原因较多，运动前准备活动不充分、活动强度增加过快、身体状况不佳、运动前吃得太饱、饮水过多、腹部受凉、呼吸节奏紊乱等，或因肝瘀血、胃肠道痉挛、呼吸肌痉挛等引发，由于肝瘀血导致的腹痛，其位置多在肝区；胃肠道痉挛引起的腹痛常在脐周围；呼吸肌痉挛引起的腹痛多在下胸部和肋部。

一、案例警示

 **案例回放**

2009年10月，江西南昌市的某中学举行秋季运动会，王同学报名参加了1500m的比赛。1500m比赛安排在运动会第一天的下午，王同学为了保持下午比赛的体力，中午特意吃了很多牛肉。由于比赛项目较多，下午比赛开始得比较早，王同学吃完饭后，就开始做准备活动准备比赛。但是1500m比赛开始以后，不到2分钟，王同学就捂着肚子停止了比赛，经校医诊断其为运动性腹痛。

 **案例解析**

运动前多吃是一个错误的认识，很多人认为摄入蛋类、肉类会提高在比赛中的竞技水平，可是，营养物质的补充，应该在平时训练的过程中进行，而非比赛当天。饭后过早地参加运动或比赛，容易引起肠胃痉挛，从而导致腹痛，这种疼痛多集中于脐周围。当然，也不能空腹运动，如果空腹运动也会由于空气刺激引起胃肠痉挛，引起腹痛。应该在用餐后一小时再运动比较适宜。

 **案例回放**

张超和王强非常喜欢打篮球，他们经常到小区附近的运动场自由结组打比赛。寒假的某一天，张超和王强又去运动场打比赛，比赛越来越激烈，但是王强状态一直不太好，时

而停下来俯身喘息，时而手捂肚子，后来，王强因为腹痛难忍下了场，停止了比赛。张超看王强停止了比赛，也下了场询问原因，得知他腹痛，就建议他深呼吸调整，但是深呼吸让王强更难受，他们只好去了社区医院，经诊断，为运动性腹痛，原因为呼吸肌痉挛。

在这种情况下，王强是无法深呼吸调整的，因为深呼吸只会让腹痛加剧。在篮球比赛的时候，运动员多是急停急起，王强可能没有注意跟随比赛的节奏及时调整呼吸的节律，导致了呼吸肌功能紊乱，呼吸肌收缩不协调，从而引发痉挛导致腹痛难忍。

二、安全建议

（1）运动前要做好准备活动，充分热身，使机体达到适宜运动的状态。

（2）运动时要注意合理安排膳食，运动前不要过饱、不可空腹，餐后一小时再运动。

（3）补充水时，要饮用常温水，尽量避免饮用冰水。

（4）根据运动量的安排，合理调整自己的呼吸节奏。

（5）运动也要注意保暖，运动前，不要过早脱外套，运动后及时加衣。

预防运动中腹痛

先准备活动，后健身运动，不过饱空腹，要补充温水，适量跑动。

三、应对措施

运动中发生腹痛后要减慢速度或降低强度，手按腹痛位置，做深呼吸并调整节奏。如果疼痛尚未减轻，要停止运动，随后自己请求同伴帮忙点掐内关、足三里和三阴交穴，用热毛巾热敷腹部，如果疼痛尚未消失，及时到医院就医。

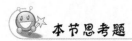

（1）引起运动性腹痛的原因有哪些？

（2）发生运动性腹痛后该如何处理？

10.9　运动性中暑

运动性中暑主要是在运动中，由于体温调节中枢系统在运动时发生衰竭、紊乱或障碍导致。我们常见的中暑主要分为三类，分别是热射病、热痉挛和热衰竭。热射病主要是长时间在高温中运动发病，常伴有体温上升、呼吸和脉搏加快甚至昏迷；热痉挛主要是大量运动出汗导致的氯化钠过多地丢失而发病，常伴有肌肉痉挛；热衰竭主要是运动中水分补充过少而发病,常伴有头痛、头晕、恶心、乏力、多汗、口渴、面色苍白、心率缓慢、晕厥等现象。当然,运动性中暑可能同时伴随2～3类不同的中暑类型。

一、案例警示

案例回放

"42千米195米,享受全马,为荣耀而跑,我的新梦想。"2014年6月2日中午,在最后一次更新完微信签名后,作为马拉松爱好者,46岁的某集团董事长雍某冒着32℃高温出门跑步。不久后,当路人发现他时,一身运动装的他昏倒在路边。之后,雍某被诊断患上热射病。经过长达半个多月的抢救,最终他还是因为多个脏器出现衰竭,继发血液感染,导致感染性休克,抢救无效死亡。

案例解析

热射病作为中暑的一种类型,是头部直接受太阳辐射引起的。运动者在高温环境下持续进行运动容易导致发病,而体弱者、慢性病患者在夏天的高温里进行锻炼,也会导致发病。雍某中暑导致死亡的主要原因是由于其在高温下持续进行运动。6月的天气,已经越来越热,不再适宜长时间在外进行锻炼,因此,在酷暑将至时,要选择合适的时间、合适的项目来进行锻炼。

案例回放

据台湾《联合报》报道,台湾平均每年举办500场以上路跑,季节由春转夏,气温攀升,2015年6月,路跑主办方为避免选手中暑,把路跑时间改为傍晚,没想到最近仍有两名男子因夜跑而中暑、热衰竭,住进加护病房。两名男子的年龄分别是51岁和22岁。51岁男子几个月前才开始跑步,前天参赛时,一口气报名参加12千米路跑,在最后2千米时,疑似为了拼出好成绩,全力冲刺,但人到了终点线就倒地不起,送到医院时,体温高达41℃。患者在加护病房观察一天后,才恢复意识,但他完全不记得发生什么事,连自己参加路跑都没有印象,很明显为中暑。另一名22岁男子,则是跑到6千米处时,开始呕吐,双腿没力,最后在折返点失去意识,送医时体温高达39.5℃,出现热衰竭。

案例解析

随着"马拉松运动"如火如荼地开展,越来越多的人将路跑作为一种时尚来追逐。酷暑在即,虽然将路跑改成夜间举行,但是,也不可掉以轻心,夜跑同样可能导致中暑。案例中参加夜跑的两人在路跑时均为水分补充不足,而热衰竭的主要症状就是脱水,所以在跑步过程中,要适当补充水分、盐分以及碳水化合物,从而避免意外伤害。

二、安全建议

(1) 避免在高温天气中长时间进行体育锻炼或训练。

(2) 运动中要及时补充水分和能量。

(3) 选择透气吸汗的运动衣裤进行锻炼。

(4) 阳光充足时适宜选择浅色系的运动服装。

(5) 室外运动时,要注意戴遮阳帽。

(6) 夏季练习,要避开高温时段,选择气温较低的时段进行运动。

(7) 尽量远离人员密集或不通风的场地进行运动。

(8) 运动前保证良好的睡眠。

 小贴士

先兆中暑的主要体征

先兆中暑时,患者出现头昏、头痛、口渴、多汗、全身疲乏、心悸、注意力不集中、动作不协调等症状,体温正常或略有升高。

三、应对措施

发生中暑后,选择通风阴凉处的场地进行休息和急救,要保持呼吸道通畅;松开或脱掉患者的衣服,让他舒适地躺着,用东西将头及肩部垫高;用自来水或酒精擦拭腋下、头部、皮肤进行物理降温;清醒中暑者应补充含盐分或小苏打的清凉饮料,喂服人丹、藿香正气水等解暑药;如果症状尚未缓和,迅速联系医院进行救治。

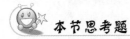 **本节思考题**

(1) 你在运动中出现过中暑吗?出现中暑时是怎样的感觉?如何预防?

(2) 你的同伴和你在运动中出现中暑后,你该如何帮助他进行救治?

10.10 脑 震 荡

脑震荡是一种轻型脑损伤,头部遭受外力打击后,即刻发生的短暂的脑功能障碍。常常会伴随着头痛、恶心、呕吐等现象,有时候还会出现失去平衡、视觉障碍和身体疲劳等状态。可能还会伴有记忆模糊、思维迟钝、记忆减退、易怒、忧郁、嗜睡或难入睡等。在对抗性强的运动中易发生脑震荡伤害,如篮球运动中被球击中头部,足球运动中争抢头球时受到撞击等。速度较快的运动项目如滑冰、滑雪时不甚摔倒也可能撞到头部导致脑震荡。

一、案例警示

案例回放

2013年冬天,哈尔滨某中学组织学生外出滑冰,一名叫曾海琳的学生,在滑冰时摔倒导致脑震荡。据调查,曾海琳是一名转校生,因父母工作调动,从南方转学来到东北,从未滑过冰的她,第一次学习滑冰,连连摔跟头。刚刚能移动后,曾海琳看到迎面滑来的同学,不知如何躲避,惊慌失措,失去平衡,重重地仰摔在冰场上,导致头部受到撞击。

案例解析

脑震荡产生的主要原因就是头部遭受外力的打击,曾海琳第一次学滑冰,难免会摔倒。在刚刚学会滑冰的这一阶段,要尽量由会滑冰的同伴带领自己滑冰,或扶住冰场周围的把杆、墙壁进行缓慢移动。遇到对面滑来的人员,不要惊慌,要放慢速度,待会滑者主动避绕。摔倒时,要学会快速护住头部,避免直接撞击。

案例回放

北京时间2015年4月11日晚,2015年中超联赛第5轮全面打响,天津泰达客场挑战贵州人和,两队新赛季状态都不佳,上半场拼得人仰马翻,而最严重的一次拼抢中,泰达外援波拉里干吉与人和门将张烈相撞,发生脑震荡状况被救护车直接送往医院。

案例解析

天津泰达队的波拉里干吉的脑震荡状况,主要是由于与张烈的猛烈撞击导致的,由于张烈的胳膊无意击中了波拉里干吉的头部,导致其直接摔倒在地。由于暴力冲撞的原因,脑血液循环障碍,脑脊液冲击,神经元受损等原因导致了一系列的脑震荡症状。

二、安全建议

(1) 运动时选择平整开阔的场地,避免去坑坑洼洼、凹凸不平的场地进行运动。

(2) 运动或比赛中,不随意打闹,不恶意冲撞。

(3) 在进行滑冰、橄榄球、棒球等运动时,要选择佩戴合适的护具,避免造成较大的损伤。

(4) 学习主动摔倒、摔倒后的缓冲等动作方法,减缓摔伤程度。

(5) 摔倒时要注意保护头部,避免头部直接撞击地面。

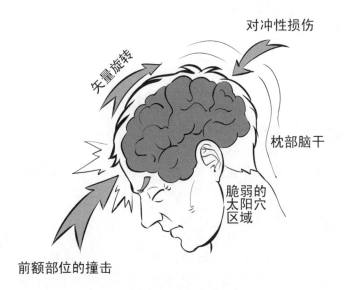

对冲性损伤

矢量旋转

枕部脑干

脆弱的太阳穴区域

前额部位的撞击

脑震荡的伤害

小贴士

脑震荡的主要体征

　　神志不清或完全昏迷,持续数秒、数分钟或数十分钟,但一般不超过半小时。病人可同时伴有面色苍白、出汗、血压下降、心动徐缓、呼吸浅慢、肌张力降低、各种生理反射迟钝或消失等表现。

三、应对措施

　　脑震荡伤势较轻者,保持冷静,停止运动,判断状态,向周围同伴或其他人寻求帮助。当发生在自己同伴身上时,要及时观察同伴是否出现一时性的神志恍惚或意识丧失,严重者要及时送医院进行治疗。

本节思考题

　　(1)你是否在运动中有过脑震荡的经历?你是如何处理的?
　　(2)如何避免在运动中发生脑震荡?

10.11　溺　　水

　　游泳是一项人们非常喜爱的水上运动,经常游泳可以强身健体。但游泳时如果不注意安全防护,就很可能溺水,造成不良后果,特别是在炎热的夏季,因游泳而不幸溺水死亡的事故时有发生,因此必须养成正确的游泳习惯,以便降低溺水的危险。溺水后常伴有头痛、剧烈咳嗽、胸闷、呼吸困难等,严重者会神情恍惚、视力障碍、甚至呼吸急促或停止、心律失常、心音微弱甚至消失。溺水后可以引起窒息缺氧导致心脏停止,即称为"溺死"。溺水是非常常见的意外事故,其危险系数很大。

一、案例警示

2004年6月的一天,天气炎热,某校的三名学生相约到小区附近的一个水塘去玩水。当时也不知水塘的深浅,三人来到水塘就一哄而下,因三人都刚刚学会游泳,未接触过除泳池以外的其他水域,由于水塘水较深,三人跳下去就开始往下沉,其中一个学生慌乱中抓住了水塘边的一根树枝,逃上岸,但是另外两个学生在水中奋力挣扎,逐渐沉了下去。逃生同学不知所措,匆匆跑回学校,由于害怕,没有将事情告诉老师。老师上课发现少了两名学生,追问学生去向才了解到此事,但因救援太晚,另外两名学生再也不能回到课堂了。

上述案例中,三名学生刚刚学会游泳,水性并不是很好,却因为一时兴起来到水塘戏水,缺乏考虑。水塘没有明确标明深浅,又属于公开水域,存在的安全隐患较多。逃生的学生上岸后没有主动救助伙伴,没有大声呼叫,让其他人赶来帮助救援,导致了悲剧的发生。

2013年夏天,上海市某中学的游泳选修课上,学生李某在游泳时突然右腿小腿抽筋,大声呼救两声后,就开始在水中慌乱地挣扎,沉入水下。救生员听到呼救,迅速跳下水将其救上岸,经过处理,李某安全无事。

案例中,学生李某在小腿抽筋时,本能的反应是先呼救,这就为自己的逃离危险提供了希望。但是李某呼救后,应该保持冷静,尽量保持放松,在自救的时候,尽量保持头部在水面以上,以保证可以呼吸。

二、安全建议

(1)不会游泳不轻易下水,下水要有救生衣或救生圈,与他人结伴同行。

(2)不去无标示的公开水域戏水。

（3）学习水下自救和救人方法。

（4）下水游泳前要做好充分的准备活动。

（5）游泳休息时，要及时披上浴巾或衣服，无论在夏季还是其他季节，保暖仍然很重要。

（6）不要在饭前饭后游泳。

小腿抽筋的应对措施

（7）不要冒险跳水。

（8）游泳时不要随意嬉戏打闹。

（9）不用鼻吸气、不倒身跳水。

 小贴士

防溺水口诀

私自游泳很危险，不去深水很重要；
伸手踢腿弯弯腰，准备活动不可少；
及时上岸很重要，补充糖水解疲劳；
安全二字记心中，远离危险身体好。

三、应对措施

1. 自救

溺水时要大声呼喊求救，保持冷静，在水中保持仰卧姿势，手臂不要胡乱扑动，保障呼吸通畅，深吸浅呼；水下腿抽筋，以同样的方式进行自救的同时，勾脚尖，以缓解抽搐；在游泳时，如果脚被水草缠住，可深吸一口气潜入水下，迅速将缠住脚的水草解脱，然后寻来路返回；游泳时如果遇到巨大的漩涡，应以最快的速度沿其切线方向游离漩涡中心，千万不能采取直立踩水姿势。

2. 救人

不能下水救人时，应大声呼喊求救，可以抛投游泳圈、漂浮物、木板、竹竿等施救。

下水救人时先脱掉外衣和鞋袜，不从正面接近，要从侧面或后面拖住溺水者的腋窝部或下颌，采用仰泳法将溺水者拖上岸；溺水者沉底时，要迅速潜入水中急救，然后从侧面或

确认患者意识是否清醒　打电话给120, 取出AED　进行心外按摩

使用AED，进行急救　　进行人工呼吸　　畅通呼吸道

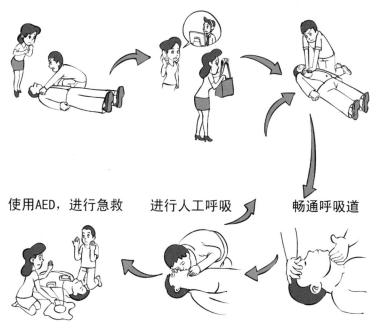

心肺复苏术程序

后面拖住溺水者的腋窝部或下颌,采用仰泳法将溺水者拖上岸。

　　对呼吸已停止的溺水者,应立即进行人工呼吸;如果呼吸心跳均已停止,应立即进行人工呼吸和胸外心脏按压。

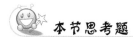 **本节思考题**

（1）如果小伙伴叫你一起去非正规的水域游泳你会去吗？

（2）如果在游泳时腿抽筋,要如何自救？

（3）如果发现有人溺水,你会主动帮助溺水者吗？你应该如何做？

单元 11

中职生常见心理问题

随着人们物质条件的不断改善,生活水平不断提高,所承受的精神压力也日渐加重,经济压力、不良情绪、学业挫折、事业失利等,都会使人们产生种种心理问题,通常表现为自卑、抑郁、焦虑、恐惧、易怒、嫉妒、厌学、厌世等,最极端的表现是结束自己生命——自杀。

有研究显示,每个人都或多或少存在心理问题,如果不加以疏导干预,就可能从小问题变成大问题,影响人们的生活、学习和工作,甚至危害健康、危及生命。世界卫生组织调查结果显示,全球每年约 100 万人死于自杀,1000 万～2000 万人自杀未遂。在我国,每年有 28.7 万人自杀,250 万～300 万人因自杀未遂而接受治疗,自杀是中国第五大致死原因。在过去 50 多年里全球自杀人数和青少年自杀人数都有显著上升。除自杀外,因不良情绪引发的校园极端暴力案件也时有发生。

可能存在的心理问题

人的心理健康状态是一个动态变化的过程,是健康与不健康、平衡与失衡互动交替的过程。每个人在不同的时期都可能会出现心理不健康或产生心理问题的现象,就像每个人都可能患上感冒一样,关键是要善于发现和正确分析自身存在的心理问题,不断提高自己的心理素质,学会自我调节,学会心理适应和各种心理自助的方法,以便在心理疾患发展的某些阶段时成为自己的"心理医生"。

11.1 常见心理障碍

人的心理不仅包含纷繁复杂、丰富多彩的正常活动,也包括各种神秘莫测、光怪陆离的异常活动,当心理活动的异常程度达到医学诊断标准时,就称之为心理障碍,表现为没有能力按照人们普遍认可的方式行动,以致其行为的后果对于本人和社会都是不适应的。随着人类社会的进步,各行各业的竞争日趋激烈,人际关系越发微妙,导致心理障碍和心理问题不断上升,各种心理困扰已经成为影响人们生活、工作和健康的重要因素。根据世界卫生组织统计,心理障碍占全球疾病的 10.5%(中低收入国家)和 23.5%(高收入国家)。

中职学生处在青春初期,此阶段的生理发展迅速,心理水平发展的速度却相对缓慢,身心处于非平衡状态,心理发展本身正处在由他律转向自律的过程,因此面临的矛盾特别多,独立与依赖、理想与现实、坦率与封闭、理智与情感、求知与辨别、性意识与性道德规范等,容易就此引发各种心理问题。由于青少年心理发展尚处于未成熟的阶段,面对纷繁复杂的社会,会产生不知所措的心理压力,如果不能够及时引导,不仅会形成心理障碍,还会导致正常的发展过程受阻,影响社会化过程,从而增加成年期精神疾病的患病风险。

导致青春期心理障碍的因素很多,主要有青少年自身原因、家庭教育缺失、学校教育误区、社会环境影响等。下面列举青少年最有可能产生的几类心理障碍。

躯体化障碍。躯体化障碍是指通过躯体症状表达心理痛苦的病理心理过程,表现为多种多样的、反复出现的、经常变化的躯体不适或疼痛。比如面临考试紧张而头痛、担心父母生病住院而失眠、遇到害怕的事做噩梦等。癔症是比较特殊的躯体障碍症。

神经症。神经症或称神经官能症,主要呈现出焦虑、不安、恐惧、强迫或忧郁等情绪上的症状。神经症是程度较轻的心理障碍症状,一般没有与现实脱离,从精神医学的角度可以分为焦虑症、强迫症、恐惧症等。

环境适应障碍。环境适应障碍是指在明显的生活改变或环境变化时所产生的短期和轻度的烦恼状态和情绪失调,常有一定程度的行为变化。比如转学、搬家、班级里换了老师、父母离异等。一般来说对于环境的变化,时间久了大多的个体都能适应,但因个性不同、父母支持不同,有的人适应不好就会发生情绪与行为上的问题。

一、案例警示

案例回放

某中职学生肖某,女孩,独生子女,因为父母对其要求较为严厉,所以与父母之间的矛盾冲突非常严重。在她进入青春期身体发育时,体重没有增加,只有 45 千克。有个同学对她说:你的头好大。肖某仔细观察自己的头,认为确实很大,一定是自己吃胖了,于是开始减肥,体重在一个月内下降到 35 千克,并出现了乏力、情绪低落,尽管家人干涉也没有办法,家属最后只好将她送到医院。

案例解析

在这一案例中,肖某患了神经性厌食症,她对自身形象的感知存在歪曲,虽然已经严重消瘦,却仍认为自己太胖。导致肖某出现这样的症状,虽然与其家庭有关,但主要还是肖某自身性格内向、敏感、缺乏自信,她选择通过饥饿来进行自我惩罚,以自我伤害的方式,来缓解内心冲突。在心理治疗方面主要是要引导她改变对于自身形体的认知,增加自信。

案例回放

2006 年 6 月,某县农村中学的一名初中生,因与同学打架,被派出所训诫后想不通,企图服农药自杀,幸好被家长及时发现抢救,才避免了悲剧的发生。

案例解析

青少年特有的天真和幼稚,使他们对复杂的现实生活缺乏应有的认识,一旦遇到风险和挫折,心理防线容易崩溃、产生失落感。心理上的脆弱,导致了行为上的盲目。因此,需要教育者因势利导,正确把握学生的心理和行为动向,化消极因素为积极因素。

二、安全建议

"我们的烦恼不是缘于我们的遭遇,而是源于我们对事件的看法。"对于心理方面的问题主要还是加强自我调适。

(1)建立正确观念,不让偏执的思想左右自己。

去除心理障碍

（2）努力做到勇于坚持与适当放弃,学会原谅与包容。

（3）及时排解不良情绪。比如悲伤难以抑制时,可以采取叫喊疏泄法。遇到不顺心和烦恼的事,不要埋在心底,将这些烦恼倾诉给信赖的人、头脑冷静的人,包括父母、老师、挚友等。

（4）坚持运动锻炼。有研究表明运动时人体能分泌使人愉快的荷尔蒙,让人消除紧张情绪,远离沮丧。

（5）放松身心。可通过呼吸、按摩等方式让身体放松,身体放松能够有效缓解紧张情绪。

（6）良性暗示。也称积极暗示,比如积极回忆愉快的经历,用积极的语言鼓励自己,类似"今天感觉特别好"等。

（7）写日记。不想对别人说的话用日记的方式写下来,写日记的过程中自己的思绪会慢下来,引领自己更加深入地思考,是释放不良情绪的良好途径。

 小贴士

缓解不良情绪口诀

生活规律,充足睡眠;

增强自信,适度锻炼;

保证饮水,吃好三餐;

集体活动,多多益善;

广交朋友,听取良言;

缓解压力,笑容满面。

三、应对措施

青少年在自我评价能力、自我体验能力、自我控制能力、情绪情感活动、意志品质等方面均处于形成和发展阶段,波动性明显。一般的心理问题通过适当的发泄和自我调整,都能得到很好的解决,例如进行适当的体育运动、听音乐、与好友交流、向老师倾诉等。当发现自己或身边的同学情绪不稳定或其他行为异常,且持续有一段时间时,要引起重视,可能是心理障碍的倾向。而如果自己无法有效地排解内心的不良情绪,同学的劝解也无效时,要及时寻求家长、老师或专业心理咨询师的帮助,听取他们的意见,积极配合进行情绪疏导。

 本节思考题

（1）你是否曾经有过悲伤难以抑制的时候? 经过本节的学习,再次遇到类似情况时你会如何处理?

（2）当自己或身边好友长期处于焦虑、紧张的状态时,你会用什么方法帮助自己或好友进行排解? 请具体说明。

11.2　应 激 反 应

　　应激是指机体在各种内外环境因素刺激下所出现的全身的非特异性适应性反应。应激的产生与个体面临的情境以及对自己能力的估计有关。当个体在新异的情境中面临从未经历过,且已有经验难以应付困难时,就会处于应激状态。

应激反应

　　应激具有超压性和超负荷性。个体在应激状态中常常会在心理上感受到异乎寻常的压力,表现出精神紧张、焦虑、情绪激动,在生理上承受超乎寻常的负荷,以充分调动体内各种功能去应付紧急、重大的变故,表现出血压升高,心率增快、呼吸加速、肌张力增高等。

　　人处在应激状态下可能会有两种反应,积极的反应是动员身体各种潜能,沉着果断,以致能超乎寻常地应付危机局面;消极的反应是使活动抑制或完全紊乱,处于惊慌失措,甚至发生临时性休克的境地。创伤后应激障碍就是严重的消极反应,是由应激性事件或处境而引起的延迟性反应。应激源包括:严重的生活事件,例如亲人突然亡故,尤其是配偶的死亡;自然灾害,如火灾、地震、山洪暴发等威胁生命安全和财产的灾难;人际关系的持续紧张或社会关系的意外变化,如长期的同学关系不和、同事关系紧张、难民移居异国等。但在同样的创伤条件下,并不是人人都会出现创伤后的应激障碍。

　　有研究显示,具有性格优势的人对所可能导致应激反应的挫折及创伤有着较强的恢复和适应能力,而个性胆怯、敏感的人则呈现出与其相反的状态。

一、案例警示

案例回放

　　彭某,男,17 岁,爱好各项体育运动,尤其是篮球,他曾是学校篮球队的主力队员。由于训练时不慎伤到了腿,他不得不暂时离开自己非常喜爱的篮球运动,这也意味着他要放弃期待已久的学校举行的篮球比赛。对此他从心理上、行动上都不愿意接受,自受伤后情绪一直十分低落,并且突然变得说话口无遮拦,还时常在老师、同学面前夸下海口却无法做到。正因为如此,他与同学关系也越来越差,久而久之,彭某越来越沉默。经过老师的劝导,彭某决定接受心理辅导。心理辅导的过程中,他逐渐吐露心声,向咨询师倾诉了他的烦恼和苦闷。在咨询师的建议下,他开始将注意力转移到自己的另一项爱好——五子棋上,逐渐接受并面对腿伤不能打篮球的现实,回归到正常的学习生活中。

案例解析

此案例中,由于受伤无法参加期待已久的篮球赛,导致彭某出现应激反应,情绪难以控制,因而会有与他人沟通交流时口无遮拦的状况出现。同时,作为校篮球队主力的他,曾经是众人的焦点,突然的受伤减少了旁人对他的关注及期待,这让他难以接受,因此依靠幻想,依靠夸海口、说大话来吸引大家,满足自己的心理需求,但依旧得不到旁人的理解和关注,让他内心越发焦虑。彭某在认识到自己无法控制自身情绪时,及时进行心理咨询并接受老师的开导是正确的选择。咨询过程积极配合的态度是他能够逐渐走出创伤影响的重要原因。

案例回放

14岁的男生梁某初中时成绩很好,但发挥失常导致中考落榜。父母为此花费了许多积蓄但还是没能帮助他进入重点高中,后来进入中专学习。由于家庭条件一般,梁某自认为给父母造成了巨大的经济负担,导致其情绪十分低落,产生负罪自责感,心理遭受重大挫伤,并让原本成绩优异、充满自信的他产生了严重的自卑心理。于是梁某想要用获得奖学金来证明自己可以像以前一样优秀,并减轻家庭经济负担。但由于一直处在焦虑、紧张的状态,尽管他很努力,成绩还只维持在中等,一直未能获得奖学金。后来梁某越发难以集中注意力,成绩直线下降,表现异常,情绪波动极大,经常一个人放声大笑或躲在角落里哭泣。

案例解析

梁某自责自怨、紧张焦虑、情绪不稳定、慌张恐惧、一个人大笑、在角落哭泣,这些都是心理应激的表现。其原因是中考失利,自觉平时成绩不错,自我期望很高,落榜重点高中,心理受到极大挫折,内心十分痛苦。家里为他花费了不少积蓄的事情使他认为自己给父母造成了负担,产生深深的负罪感。不稳定的心理状态导致他在中专学习期间也未获得奖学金,因而再次遭受挫折。多重压力和挫折不断累积,又不知道怎样寻求正确的帮助,导致其应激反应严重。在这种情况下,建议其寻求专业心理咨询师的辅导。

二、安全建议

在人的一生中会遇到各种各样的问题和突发事件,不可能总是一帆风顺,具备积极心理的人往往能够妥善应对,避免形成消极的应激反应。

(1) 遇到磨难时,要勇于面对,沉着冷静、不慌不怒地评估形势,选择对自己影响最小的途径。

(2) 倾诉与宣泄可以消除因挫折而带来的精神压力,减轻精神疲劳,降低挫折带来的影响。

(3) 保持健康的心境,积蓄正能量,不要一遇打击就开始自我否定、自我践踏;不能失落失志,更不能怨天尤人。

(4) 让自己保持好奇心,基于自己的兴趣爱好进行活动,确定目标,不断探索。

(5) 持有开放的态度,对事情不要过早下结论。

(6) 以诚恳的方式全面看待事情,不吹嘘、不炫耀。

(7) 监督自己做事有始有终,即使遇到困难,也以乐观积极的心态努力完成。

(8) 以善良宽容的态度对待他人。

(9) 谨慎做出决定,不做过度的冒险行为,不说不做以后很可能会后悔的事情。

(10) 怀有感恩的心态,对他人的帮助予以感激,并时常表达出这种谢意。

(11) 增强自身应对能力和耐受挫折的能力,如培养良好的品格,加强思想修养,提高认知水平等。

 小贴士

性格优势中的六项核心美德

美德之一:智慧与知识。

美德之二:勇气。

美德之三:仁慈。

美德之四:公正。

美德之五:节制。

美德之六:自我超越。

三、应对措施

发生应激反应后,首先要控制或消除应激源,改善可能成为应激源的社会生活环境,如避开过度的噪声和温度、尽量不去发生争吵的地点等。然后通过各种放松措施控制或转移负面情绪,运用各种放松技术,如跑步、白日梦等。取得父母、老师、同学支持和理解。必要时遵循医嘱进行药物治疗及心理干预。

 本节思考题

(1) 引起应激反应的应激源通常有哪些?

(2) 遇到挫折时应该如何应对?

11.3　神 经 衰 弱

神经衰弱的概念缘起于西方,在传入中国社会将近百年的时间中,成为一个被精神科医生和普通百姓普遍使用的概念,在现行的中国精神疾病诊断标准中,神经衰弱列于神经症下,是指一种以脑和躯体功能衰弱为主的神经症,以精神易兴奋却又易疲劳为特征,表现为紧张、烦恼、易激惹等情感症状,以及肌肉紧张性疼痛和睡眠障碍等生理功能紊乱症状。简单来说,神经衰弱的症状复杂而"矛盾",既可能是精神因素引起,也可能是疾病造成;既容易兴奋,也容易疲乏;既有精神障碍,又有不容易找到的却可证实的病变存在;既有精神症状,也有躯体症状。排除生理性疾病的原因,神经衰弱的发生主要与过度紧张、压力大、负面情绪体验有关,我国流行病学调查一般人群神经衰弱患病率为1.30%。对于学生来说,学业压力和人际关系压力是导致神经衰弱最主要的心理原因。

课业负担过重易引发神经衰弱

一、案例警示

从 2008 年 11 月开始,林某出现了一些比较怪异的行为,比如,他在天气比较寒冷的时候只穿一件毛衣和风衣,被冻得瑟瑟发抖,但却认为是中暑了;出现失眠亢奋的状态,整夜不想睡觉,独自一人坐在电脑前通宵看电影,时而用家乡话自言自语,时而莫名窃笑;出现思维逻辑混乱,讲话条理不清晰;呈现对人和事敏感状态,猜疑心重,觉得每个人都和他过不去,什么事情都冲着他,害怕与他人交往,甚至还出现轻度的幻想,觉得他可以通过别人的眼神和动作就能知道别人在想什么,而别人也知道他的过去和现在的想法,总觉得有人在追杀和报复他。

神经衰弱主要有以下六个典型症状:一是脑力不足、精神倦怠;二是对内外刺激的敏感;三是情绪波动、易烦易怒、缺乏忍耐性;四是有紧张性疼痛;五是失眠、多梦;六是心理生理障碍。在排除了林某精神分裂症的可能后,根据他的表现,基本上可以断定其患神经衰弱症。他的各种症状与神经衰弱的典型症状基本吻合,林某觉得中暑,头昏脑胀是神经衰弱症状之一紧张性疼痛的表现；他与别人沟通交流时思维逻辑混乱，讲话条理不清晰是脑力不足，精神倦怠，记忆力减退，不能集中注意力的缘故；他失眠亢奋，独自一人看电影到通宵符合神经衰弱症的"失眠、多梦"症状；他对人和事敏感，猜疑心重，觉得别人都和他过不去等症状符合神经衰弱症的"对内外刺激的敏感"症状。这样典型的严重情况，应引起学校班主任和家长的注意，不要简单地认为是纪律问题，要及时给予专业干预，分析引起他这种表现的原因，对症治疗。

 **案例回放**

18岁的男生王某被喜欢的女生拒绝后，开始出现轻微失眠，并持续大概三周，其白天的学习过程中精神不济，无法集中注意力，严重影响了他的学习成绩。王某的好朋友发现他处在这种状态后，开始有意识地引导他进行一些体育运动，如打篮球、乒乓球等。在一次聊天过程中，王某向这名好友倾诉了自己内心的难过与悲伤，好友对他进行了贴心的安慰，并适时地对他进行鼓励。在好友的陪伴与支持下，王某逐渐走出之前的阴影，睡眠质量慢慢变好，学习成绩也逐渐回升。

 **案例解析**

王某在遇到情感方面的挫折后，出现了轻微的神经衰弱症状，具体表现为失眠、注意力不集中。王某的好友及时发现并给予正确的帮助是使其好转的关键，使病情没有进一步加重。倾诉与运动都是缓解不良精神状态的有效方法。

二、安全建议

(1) 养成有规律的生活习惯，安排好自己的作息时间，不熬夜。

(2) 注意劳逸结合，防止大脑过度疲劳。

(3) 一定脑力消耗后做一些低强度的运动。

(4) 通过诉说、运动等宣泄方式及时排解压力。

(5) 自测监督，如果身体连续两周以上出现入睡困难、常做噩梦、头胀、头昏、头痛，注意力难集中、记忆困难、精神倦怠、腰背或肢体痛、厌食、便秘等症状中的大部分症状，很可能是患上了神经衰弱。

(6) 注意饮食营养，学生学习脑力消耗较多，应在条件许可的情况下，尽可能多地摄入营养丰富的食物，并注意营养的平衡。

(7) 优化认知方法，要以理性的态度去认知矛盾困难，特别是要辩证地对待负面事件。

 小贴士

放松心情小窍门

(1) 收集快乐记忆，快乐是一种爱自己的表现。

(2) 说说贴心话，人人都喜欢贴心话，也需要贴心话。

（3）多绕一点路，新的风景带来新的视野，能发现新奇有趣的事。

（4）与父母聊聊家族史，能让家庭关系更亲密。

（5）找人帮忙整理东西，经常不用的东西或保留、或丢弃、或修理、或送人，清除不必要的东西是一种割爱与转让的艺术。

三、应对措施

出现神经衰弱症状后，要积极进行自我调节，正确认知神经衰弱，避免对此产生过度担心的焦虑情绪；尽量参加多种活动，通过多元化的活动调节大脑神经功能；坚持每天一定量的体育锻炼，增强体质，减弱因神经衰弱而伴随的身体不适症状；坚持自我按摩，可从正规网站或培训中心学习按摩手法及按摩方式；调节饮食，一些安神补脑的药膳则有助于改善神经衰弱症，如桂圆红枣粥、柏子仁粥等。必要时通过药物进行缓解和治疗。

 **本节思考题**

（1）根据本节所学内容，判断自己是否曾经有过神经衰弱的情况。

（2）如果连续几天出现轻度失眠的情况，要怎么调理自己？

11.4 焦 虑 症

焦虑症是一种具有持久性焦虑、恐惧、紧张情绪和植物神经活动障碍的脑机能失调，常伴有运动性不安和躯体不适感。在不同的人生阶段，每个人在面对困难或危险时，都有可能产生焦虑情绪，这种焦虑是一种正常的心理状态。适度的焦虑对保持生命活力是必要的。例如，适度的就业焦虑可以激发潜能，使自己产生紧迫感，从而更努力地寻找就业

焦虑症的表现

机会。只有当焦虑的程度和持续时间超过一定范围时，才会对人的健康构成威胁。例如，严重的考试焦虑会使人产生注意力分散、记忆过程受干扰、思维过程受阻等问题。中职生的焦虑主要出现在考试、人际关系、就业等方面。

一、案例警示

李某是护理专业的学生，学习很刻苦，成绩却不太理想。据李某所说，每到快要考试的时候，他都会比平常更努力，开夜车是常事。考试后又常因成绩不好而懊恼不已。久而久之，他心里很失望，并产生焦虑情绪，考试期间晚上都睡不好，不停想着白天的考试，越想越觉得自己又没有考好，内心非常自责。饮食上也很不注意，常常匆匆吃些东西就去自习室看书，可越看越觉得记不住，心慌得厉害。

由于认为考试成绩不足以回报自己的努力程度，李某陷入了考试焦虑状态。这是面临考试时常见的一种心理状态。就多数人而言，面临重要考试或关键性考试，总会引起一些心理压力，产生一定程度的考试焦虑，这是正常的，也是无害的。但长期处于焦虑状态会对人的身体、心理健康产生较大的影响，因此在发现自己或身边的人出现焦虑心理时，要及时进行积极的疏导，例如做一些放松训练，转移注意力等。在自己无法排解心中焦虑情绪时，要向老师寻求帮助。

方某是一个17岁的女生。在老师和同学的眼中，方某是一个羞涩、内向、好脾气的女生，从没和别人发生过争吵，甚至连争论都很少发生。方某总是找各种理由推脱，不愿与家人、朋友、同学一起出去娱乐，例如，逛超市、吃饭、看电影等。一开始大家以为是方某不爱热闹，后来在与老师的一次谈话中，她提到自己在和别人的相处中总是有种不安的情绪，虽然可以进行正常的交流，但自己总觉得会被嘲笑。久而久之，方某越来越不愿意出门。

对于处在社交焦虑状态的人，在任何地方、任何情境中，都会害怕自己成为别人注意的中心；会认为周围每个人都在看着自己，观察自己的每个小动作，甚至害怕在公共场所进餐、喝饮料，因此会尽可能避免去商场等公共场所；害怕被介绍给陌生人；也从来不敢与

人争论。案例中的方某已经产生了一定程度的焦虑症,若不进行及时的疏导,很有可能发展为严重的焦虑症。

二、安全建议

（1）经常参加运动。运动能消耗一些紧张时分泌的化学物质。

（2）按摩。通常在颈背部和太阳穴按摩数分钟可以纾解焦虑引起的头痛症状。

（3）洗热水澡。当我们紧张与焦虑时,热水可使身体恢复血液循环,帮助身体放松。

（4）听音乐。听舒缓的轻音乐能使肌肉松弛,使精神放松,心情愉悦,使积聚的压力得到释放。

（5）多吃水果。有研究表明香蕉、葡萄柚等水果中含能让人感觉愉快的物质。

（6）增加自信。焦虑产生的原因之一是个体认为无法面对或无力应对应激源带来的危害。因此,对自己的应对能力进行分析,增进自我了解,增强应对焦虑应急因素的自信心,可以有效减少过度焦虑对自身产生的消极影响。

（7）自我放松。运用自我意识放松、自我松弛的方法可以有效地帮助自己从紧张情绪中解脱出来。可以运用深呼吸,配合正面的自我暗示,调节自己,帮助自己放松身心。

（8）参加各种有益的活动,增强自己的社会适应能力,将自己从焦虑环境中脱离出来,逐渐恢复平和心态。

 小贴士

系统脱敏疗法

系统脱敏疗法又称交互抑制法,是由美国学者沃尔帕创立和发展的。这种方法主要是诱导求治者缓慢地暴露出导致神经症焦虑、恐惧的情境,并通过心理的放松状态来对抗这种焦虑情绪,从而达到消除焦虑或恐惧的目的,它被广泛应用在治疗焦虑症、强迫症和恐惧症等心理障碍中。

三、应对措施

产生焦虑症后,应在自我调整的同时,积极寻求外界帮助。青少年不可避免地遇到一些超出能力范围的事件,使自己或多或少产生焦虑情绪。当自己无法排解消除这种情绪时,要积极向家长、老师、心理咨询师等寻求帮助,听取他们的专业意见,必要时要到医院进行检查和治疗。

 本节思考题

（1）遇事紧张、担心、睡不着觉就是焦虑症吗?

（2）如何缓解自己的焦虑情绪?

11.5　癔　症

癔症是由精神因素,如生活事件、内心冲突、暗示或自我暗示,作用于易病个体引起的精神障碍。简单来说,如果一个人遇到强烈的应激,情绪上会觉得尴尬、难为情、生气或者害怕,而无法去接受与面对时,突然地发生躯体功能的障碍或意识上的变化,往往就是癔症。癔症在青少年中并不鲜见,比如做错了事被老师发现,觉得既尴尬又着急,忽然晕倒在地,意识不清,犹如癫痫发作;跟父亲顶嘴,被打了一巴掌,结果又气又恼,突然失声不能讲话等。癔症的发生都是由于发病前遇到了心理刺激,如果能发觉其所受到的刺激,有针对性地去处理,大多数情况都可以很快恢复。

癔症的表现

一、案例警示

15 岁的薇薇平时娇生惯养,一次因为考试没考好,挨了妈妈的批评后,往地上一坐,四肢就抽动起来。到了医院做了全身检查和脑部扫描,未发现异常。后来住院期间没有再出现抽动,医生诊断为"癔症",随后通知第二天出院。当天晚上,薇薇又开始四肢抽动,两眼发直,医生给她推注了生理盐水,并告诉她这是特效药,薇薇立刻停止了抽动,一会儿就和医护人员有说有笑了。

癔症性格的人有高度的情感性,情绪反应强烈而不稳定,待人处世往往感情用事,整

个精神活动均易受情感影响而趋向极端,遇到一点小事就认为是天大的事。薇薇的情况是属于应激下的躯体功能障碍,应激的事件是妈妈的批评,一般情况下,这样的批评很普通,不会引起过激的反应,但薇薇平时娇生惯养,从未遇到过一点挫折,心理承受能力差,遇到批评在情感上一时处理不了,引发了癔症。

案例回放

2002年农历七月十五晚,某初中二年级几名女生上街,见路边有人给已故的人烧纸钱,回宿舍后讲给同宿舍的其他同学听,有的同学称当日是鬼节,开始讲起了鬼故事,大家都感到恐惧,又有一名同学称对面楼上曾死了一名女生,使气氛更加惶恐不安。第二天早晨,有一同学称头痛、恶心、乏力、站立不稳、四肢阵发性发抖,恐惧害怕,称自己被鬼缠住了,随之出现意识障碍,呼之不应。数分钟后,另外两名同学也出现类似症状,随后又有四名同学相继发病。经体格检查及化验未发现异常,判断为癔症集体发作。

案例解析

群体性癔症发生一般具备两个条件,一是群体性行为,这是群体性癔症发生的基本前提和背景;二是不良暗示与心理联结作用,群体性癔症发病的诱发因素即不良暗示首先来自群体内部。案例中癔症发作的同学在前一晚一同看见烧纸、听了鬼故事,早晨受到第一个感到头痛等不适状况的同学"被鬼缠住"的暗示,产生了心理联结,形成了不良意念,并且由于这个不良意念的作用,导致癔症的发生。

二、安全建议

(1)正确认识自己。对自己有充分的了解,清楚自己存在的价值,对自己感到满意,并且努力使自己变得更加完善。

(2)热爱生活。能深切感受生活的美好和生活中的乐趣,积极憧憬美好的未来。能在生活中充分发挥自己各方面的潜力,不因遇到挫折和失败而对生活失去信心。

(3)避免不良暗示。作为癔症发作同学的周围人,要解除对癔症的顾虑,改变不正确的态度,避免对患者过分关心而造成的不良影响,减少对患者的负面刺激。

(4)正确对待挫折。人生在世会有这样或那样的挫折,要正视挫折,总结经验,找到受挫折的原因并加以分析,而不是一遇挫折就采取极端的行为。

(5)开展多种形式的文艺、体育活动,培养各种爱好和兴趣,陶冶情操。

(6)培养必要的涵养。大事化小,小事化了,宽以待人,避免产生不良心理。

(7)补偿作用。受挫后,尽量用另一种可能成功的目标来补偿代替,以获得集体、他人对自己的承认,充分表现自己的能力,获得心理上的快慰感,从而预防癔症的发生。

小贴士

如何面对挫折

沉着冷静,不慌不怒;

增强自信,提高勇气;

审时度势,迂回取胜;

再接再厉,锲而不舍;

移花接木,灵活机动;

寻找原因,理清思路;

情绪转移,寻求升华。

三、应对措施

癔症具有发作性、夸张性和易暗示性的特点,其症状带有明显的情感色彩,甚至给人矫揉造作的印象,可以在暗示或自我暗示下发病,也可在暗示下好转。如已明确为癔症发作,在场人不要惊慌失措,更不要指责发作者装病。正确做法是:缓和紧张气氛,即不否定又不夸大患者症状,使其相信给予治疗后即可好转,待其平静后即可缓解。要注意防止癔症发作者捂住口鼻、屈曲四肢,以免窒息。另外,癔症性兴奋或躯体功能障碍者应及时找精神科医生处理。

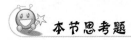 **本节思考题**

(1)癔症会传染吗?

(2)青少年如何预防癔症的发生?

11.6 强 迫 症

强迫症属于焦虑障碍的一种类型,是以强迫思维和强迫行为为主要表现的病症,其特点为有意识的强迫和反强迫并存。即不自主地反复出现某种意念,无法打消,明知是不对的,可是强迫性地出现,或者出现强迫性的动作,重复去做,无法控制。比如总是觉得房门没有关好,担心被细菌感染反复去洗手等。近年来,强迫症的发病率正在不断攀升,有研究显示,普通人群中强迫症的终身患病率为 $1\% \sim 2\%$,约 2/3 的患者在 25 岁前发病。强迫症因其起病早、病程迁延等特点,常对患者社会功能和生活质量造成极大影响,世界卫生组织所做的全球疾病调查发现,强迫症已成为 15~44 岁中青年人群中造成疾病负担最重的 20 种疾病之一。

一、案例警示

强迫症的特征

小王是某中职学校三年级的学生,学习成绩优秀,但近来特别注意卫生,学习时用的桌子和凳子必须很干净,地上不能有一点纸片,否则不能进行正常学习。开会时经常提前到教室找干净的座位,在教室学习时也要找很干净的地方才能进行学习,她知道这样做是无意义的,并且会浪费大量的学习时间,却控制不住自己。渐渐地觉得很烦躁,不敢进教室学习,不能像以前一样集中注意力学习,并且记忆力也开始大不如前。情况发展到更严重的时候,她总认为地上不干净,虽然尽力克制自己想要打扫的想法,但还是会忍不住。

小王的一系列行为,表明了她已患有强迫症。她对"卫生"过度在意、后来总认为地上不干净,以及她明知这种想法不对却无法抵抗,都是强迫症的表现。据悉,小王学习成绩一直很好,由于学习紧张,压力很大,她给自己定了苛刻的学习计划,这样的学习计划坚持了两个多月,却由于没有太大提高,出现了烦躁、不安、压抑的心理状态,从而导致了以上结果。

16岁的男生佳佳是独生子,从小聪明温顺,上学后一直是班级中的"尖子生",有一次数学考试由于看错一个数而导致丢了10分,父母知道后大声地训斥佳佳。这件事之后,佳佳的父母规定他以后做完试卷后,必须认真仔细地、逐字逐题地检查两次,考试成绩达不到第一,就必须把试卷全部重抄3遍。从此佳佳在做数学试卷时特别慢,看题目时,他一字一句地看,以防止自己看错或看漏题目。解完题后,他又会将计算结果一遍又一遍地验算,有时甚至把一道题反复检查近40分钟,否则就放心不下,以致无法按时完成后面的题目,数学试卷上常常出现空白,成绩也在逐渐下降。

佳佳的具体情况表明,他患上了一种常见的心理障碍——强迫症。性格温顺的孩子在家长高压政策下形成了强迫人格。佳佳的强迫症是由他父母的过高期望和过严要求引起的,佳佳在父母的严格要求之下心理压力过大,自我怀疑、自信心下降,思想得不到放松,时时刻刻担心自己没有把题目看清、怀疑自己把题目看错,面对自己毫无现实意义的强迫行为,佳佳明知不合理却又不能控制,最后导致无法控制,发展为强迫症。

二、安全建议

(1) 不要过分在乎自我形象,不要过于追求完美,不要老是问自己我做得好吗、这样做行不行、别人会怎么看我等问题。

(2) 学会顺其自然,强迫症的另一个特点是喜欢琢磨,一个芝麻大的事情往往会想出天大的事来,因此在思考问题时要学会接纳他人,不要钻牛角尖,学会适应环境,而不要刻意改变环境。

(3) 学会享受过程,不过分看重结果。为所当为,做事要抱着一种欣赏、感受、体验、快乐的心情和热情。

(4) 对自己的个性特点有正确客观的认识,对现实状况有正确客观的判断,丢掉精神包袱,从而减轻不安全感;学习合理的应激处理方法,增强自信,以减轻其不确定感;不好高骛远,不过分追求精益求精,以减轻其不完美感。

 小贴士

强迫症自我筛查

(1) 你是否有愚蠢的、肮脏的或可怕的不必要的念头、想法或冲动?

(2) 你是否有过度怕脏、怕细菌或怕化学物质?

(3) 你是否总是担忧忘记某些重要的事情,如房门没有锁、阀门没有关而出事?

(4) 你是否担忧自己会做出或说出自己并不想做的攻击性行为或攻击性言语?

(5) 你是否总是担忧自己会丢失重要的东西?

(6) 你是否有什么事必须重复做,或者有什么想法必须反复想从而获得轻松?

(7) 你是否会过度洗澡或过度洗东西?

(8) 你是否做一件事必须重复检查多次方才放心?

(9) 你是否为了担忧攻击性语言或行为伤害别人而回避某些场合或个人?

(10) 你是否保留了许多你认为不能扔掉的没有用的东西?

如果上述症状中有一条或一条以上持续存在,并困扰了你的生活,可能是强迫症的表现,要有意识地解决和调试。

三、应对措施

对于有强迫症倾向的同学,家人、朋友对其既不要姑息迁就,也不要桥枉过正,鼓励其积极从事有益的文体活动,使其逐渐从强迫的境地中解脱出来。如果强迫行为比较严重,需要及时求助专业机构进行治疗,通过行为治疗、认知治疗、精神分析治疗等方式,使患者逐渐减少重复行为的时间和次数,进而摆脱强迫性症困扰。

本节思考题

（1）强迫症有哪些表现？其发病特点是什么？

（2）如果身边有强迫症倾向的人，你应该怎么做？请具体举几个例子。

11.7　恐　惧　症

恐惧症一词来源于希腊语 phobos，意为"逃避""莫名其妙地恐慌""害怕"。恐惧症也称恐怖症，是一种特定的害怕。心理学上对它的标准定义是"经常的，对某种特殊事物或情形的过度害怕"，恐惧的对象可能是单一的或多种的，如动物、广场、闭室、登高或社交活动等。这种害怕是持续的且没有根据的，明知恐惧情绪不合理、不必要，但却无法控制，以致影响其正常活动。常见的有单纯恐惧症、学校恐惧症、广场恐惧症、社交恐惧症、疾病恐惧症等。

一、案例警示

小静在三个月前的一次上课时发呆，被老师点名回答问题，只能猜测回答，同学们听后哄堂大笑，被老师严厉批评，当时她恨不能找个地缝钻进去，心怦怦乱跳，双手发抖。第二天上学时走到校门口就感觉紧张害怕、心发慌，不敢进校门。上课时突然觉得头晕目眩、心慌胸闷、呼吸急促、全身发抖、大汗淋漓，送到医院后很快缓解，出院后只要提起与上学有关的事就很不舒服，如果不去想上学的事，则一切如常。

恐惧症的表现

案例解析

从案例中描述来看,小静具有恐惧症倾向。小静对上学表现出明显和持久的恐惧,恐惧的程度与实际危险不相称。发作时伴有显著的植物神经功能障碍,如一想到上学就会出现惊慌,气不够用等感觉恐惧的症状。对恐惧的处境——学校,有回避行为,造成社会功能轻度受损。造成这种恐惧症倾向出现的原因主要是小静心理方面的。在小静的内心里,始终认为自己不应该受到别人的批评,一旦老师批评自己就受不了,感觉糟糕至极。并且小静对现实问题有着误解或错误评价,她将上课回答问题与受批评联系起来,导致自己产生持久的负性情绪记忆。

案例回放

果果是家中的大女儿,自幼性格内向、胆小,敏感多疑、依赖性强。母亲曾因父亲出轨提出离婚。母亲由于生计关系,让果果在母亲的店铺里先后和妹妹或奶奶住,后来又自己一个人住,果果一直提心吊胆,认为母亲随时可能离开自己,发展到后来,在离开母亲的任何地方,果果都不敢睡觉,上中学后,晚上在宿舍不敢睡觉,只有回到家才能睡着。

案例解析

果果自幼心理受到创伤,母亲提出离婚让果果内心十分不安,一直对母亲的离开带有恐惧心理。其幼时的家庭创伤、养育环境、性格气质致使其恐惧心理愈加深重。性格内向的她由于与人缺乏交流,负面心理状态无法得以消除,而母亲的溺爱使她形成依赖的性格,对周围环境的适应能力差。果果要想克服恐惧,就要早日回归校园,从改变自己做起,多交一些同一年龄段的朋友,培养独立自主的行为意识,养成良好的运动及作息习惯。

二、安全建议

(1) 不要对自己要求过高。过于追求完美,对自己要求过高,就容易患得患失,太在意别人对自己的看法,一心想要得到别人的承认,从而迷失自己。接受自己的现况,不要去管别人怎么看,越害怕出错,就越会感到手足无措。

(2) 悦纳自己,树立自信。很多社交紧张者就是因为不悦纳自己、对自己不自信造成的。所以,要改变首先就得在心里接受自己,树立起对自我的信心。

(3) 勇敢地去面对。有紧张特质的人,在社交场合下,往往会表现出逃避心理,害怕自己会出丑而不去面对。其实,逃避并不能消除紧张,相反,它会使你感到自己的懦弱,使你责备自己,以致下一次会更加紧张。而且,我们也不可能逃避一辈子的,我们生活在这个社会上,是必须与人交往的,早晚有一天,我们都必须去面对。

(4) 不要太在意自己的身体反应,紧张总是伴随着一系列的生理上的不适,根据强化理论,如果紧张时我们太注意自己的身体某些部位的紧张反应,就相当于是在强化自己的紧张行为,使其一步一步地加重。而当我们不去管自己的紧张反应后,由于紧张得不到注意和强化,紧张反应就会随着时间的推移而逐渐消退。

 小贴士

学校恐惧症

学校恐惧症是一种较为严重的儿童心理疾病,主要有以下三个特征。

(1)害怕上学,甚至公开表示拒绝上学。

(2)发病期间,如果父母强迫患儿去上学,会使其焦虑加重,倘若父母同意暂时不去上学,则孩子的焦虑马上缓解。

(3)焦虑的症状表现为:心神不宁,惶惶不安,面色苍白,全身出冷汗,心率加快,呼吸急促,甚至有呕吐、腹疼、尿频、便急等。

三、应对措施

恐惧症是对某种事物或情景表现出害怕,但恐惧症本身并不可怕,采取适宜的方法,完全可以摆脱,比如满灌疗法。满灌疗法对具体恐惧症的疗效十分显著,但短时间内这种方法会在精神上给患者以较大痛苦,因此在如何把握度的方面最好由专业人士进行指导,并由最亲近信任的人作为助手来陪伴完成。例如在对于用满灌疗法治疗黑暗恐惧症时,在助手的陪伴下,来到黑暗处。开始的时候,会有精神高度紧张焦虑甚至更严重反应,一段时间的尝试坚持后,发现黑暗未能带来伤害,恐惧会慢慢减轻。同时,助手应与之进行一些轻松的谈话来分散注意力。

 **本节思考题**

(1)你对什么东西怀有长期恐惧心理?你认为是什么原因造成的?可就此与同学展开讨论。

(2)当身边同学对某些事物产生恐惧心理时,你应当如何做来缓解或帮助他解脱出这种心理状态?

11.8 抑 郁 症

抑郁症是由各种原因引起的以情绪低落为主要症状的一种心境障碍或情感障碍,作为一种常见的精神障碍,越来越被人们所关注。青少年抑郁症是一种常见、易复发的疾病,其发病率在 $4\% \sim 8\%$,已成为严重影响青少年心理健康的疾病之一。诱发抑郁症的因素有很多,例如学习、就业压力大,缺乏关爱,沉迷于网络,相互攀比等。因此青少年需要对自己的情绪多加关注,有消极情绪出现,应立即进行调整,必要时要向外界寻求帮助。

一、案例警示

案例回放

　　16 岁的 Sally 写信告诉网友,她好想死,她觉得没有人喜欢自己,活着的感觉好绝望。暑假的时候,她大部分时间都待在家里,只是看看电视,事实上是她拒绝联系她的朋友们。Sally 晚上失眠,每天都担心成绩下降,担心失去朋友。因为太累,她开始早上不愿意起床,感到胃疼,并且担心去学校后不知道要和谁说话。

案例解析

　　由于没有掌握足够的、专业的抑郁症方面的知识,在对考试出现焦虑情绪时,Sally 没有及时与老师和朋友沟通,导致后续情绪持续恶化,拒绝与外界进行交流,厌学情绪持续增长,初步显现出抑郁症的症状。生理上表现为失眠、情绪暴躁、不愿起床、一到学校就胃疼,而心理上则表现为社交恐惧,不愿与朋友接触。正确的做法应是在发现自己情绪无法自己疏导控制的时候,及时与老师或家长进行沟通,寻求他们的帮助。

案例回放

　　两名十分要好,成绩优异的女同学在一次偶然的机会中接触到了"死亡游戏",两人十分感兴趣,并最终相约自杀,寻求刺激。据两人的同学及家人描述,两人平常都很乖巧,并没有看出有什么抑郁症倾向。医生诊断她们患有"双相抑郁症"。

案例解析

　　一般单相的,就是传统意义上的抑郁症,发作的也只是情绪抑郁。而双相抑郁症则有两方面的表现,可以表现为抑郁,也可以表现为情绪过度兴奋,非常狂躁。双相抑郁症的发病年龄多为 15～19 岁。很多人会误以为,不得志的人才会有抑郁的倾向,其实不是的。现在不少很优秀、很聪明的人,也会患上双相抑郁症。患者比较亢奋的时候,会特别有创造力,不乏诗人。双相抑郁症更不容易被确诊,需要平常对自己及身边的人有更高的观察力。

二、安全建议

　　(1) 加强自我教育,培养健康心态。心境平和、心情舒畅是心理健康的基础。

　　(2) 青少年要正确了解自身的个性特点,学会采用理智、转移、升华、宣泄等方法调节和控制自己的消极情绪,在各种实践活动中逐渐改掉不良的性格特征。

　　(3) 合理地对待自己的需要和愿望,要懂得根据环境的需要来设计自己的行为和目标。当自己的能力达不到自己既定的目标时,就应对自己的目标进行调整,而不强迫自己去做力不从心的事。

(4)直面人生,善待失败和成功,能意识到在人生的道路上挫折与失败是难免的,只有保持乐观的情绪、良好的心境,才能提高自己适应环境的能力。

(5)要做到不为世俗所媚,不为流行所扰,不为名利所累,不为浮华所惑,不为富贵所淫,不为失败所困,以宽容大度之心待人,以豁达饱满之情处事,使自己成为生活的主人。

 小贴士

运动可有效排解抑郁症

辛辛那提大学医学院临床精神病学助教埃里克·纳尔逊指出:"对于轻度或中度抑郁症患者,可以通过运动来减少他们的无助感和孤独感。"

三、应对措施

如果发现自己有抑郁的倾向,应尽量保持心态平和。通过聆听舒缓的音乐、户外散步踏青、参加有趣的运动等来缓解不良情绪。避免服用磺胺类、巴比妥类等可引起抑郁的药物。如果情况逐渐严重,超出能够自我控制范围的,需及时寻求专业心理咨询师或医生的帮助。

抑郁症的表现

本节思考题

(1)当身边的同学出现轻微失眠、厌学、不想上学等消极情绪时,你应当如何帮助他?

(2)你的一位同学已经出现较为明显的抑郁症症状,但因为自卑不敢说出,希望你帮他保密,不要告诉老师,你会怎么做?

(3)当你身边的同学不幸罹患抑郁症,你会有意识躲避他吗?请说明原因。

参 考 文 献

[1] 李海鹏. 校园安全管理问题研究[M]. 武汉：华中师范大学出版社,2012.

[2] 韦美萍. 论中职德育课中加强安全教育的重要性[J]. 广西教育(职业与高等教育版),2010(6)：16.

[3] 徐群. 中职院校加强安全教育之我见[J]. 成才之路,2011(10)：9.

[4] 谭禾丰. 中职生安全教育：责任重于泰山[J]. 职业技术,2008(7)：66.

[5] 王晓瑜. 论我国新型校园安全管理模式[J]. 法制与社会(下),2013：179-200.

[6] 岳光辉,等. 校园安全管理的调查与思考. 湖北警察学院学报,2012(8)：38-41.

[7] 王大伟. 中小学生被害人研究——带犯罪发展论[M]. 北京：中国人民公安大学出版社,2003.

[8] 崔卓兰. 高校法治建设研究[M]. 长春：吉林人民出版社,2005.

[9] 徐久生. 校园暴力研究[M]. 北京：中国方正出版社,2004.

[10] 纪红光. 呵护权利——未成年人权益保护法律实务[M]. 北京：群众出版社,2004.

[11] 张欣,黄锋. 学生人身伤害赔偿[M]. 北京：中国法制出版社,2004.

[12] 朱永生. 也谈"校园安全法"立法建议的若干问题[J]. 武汉大学学报(社会科学版),2002(3)：
14-23.

[13] 王亚军. 浅议校园"110"[J]. 保卫学研究,2003(3)：45-57.

[14] 李迎春,等.中学生道路交通事故危险因素的配对病例对照研究[J]. 中华流行病学杂志,2008,
29(10)：999-1002.

[15] 刘艳虹,张毅. 八省市中小学生上、下学安全状况调查分[J].道路交通与安全,2008,8(4)：1-10.

[16] 蒋式新,等.青少年不安全骑车行为及其影响因素调查[J].中国校医,2006,20(3)：251-252.

[17] 杨军,郭向晖. 北京市朝阳区中学生道路安全干预效果分析[J].中国学校卫生,2007,28(2)：
162-163.

[18] 周鑫,方守恩.我国道路交通安全管理主要问题分析及对策研究[J].中国安全生产科学技术,
2007,3(6)：73-76.

[19] 郑安文. 道路交通安全管理措施比较研究[J]. 中国安全生产科学技术,2005,1(2)：38-42.

[20] 费长群. 中职生安全教育[M].长春：东北师范大学出版社,2008.

[21] 陈露晓. 中职生安全教育读本[M].北京：北京理工大学出版社,2009.

[22] 王晓慧. 心理障碍[M]. 石家庄：河北科学技术出版社,2005.

[23] 李荐中. 青春期心理障碍[M].北京：人民卫生出版社,2009.

[24] 李功迎. 情感障碍[M].北京：人民卫生出版社,2009.

[25] Arthur E.Jongsma,Jr.青少年心理治疗指导计划(第3版)[M].张宁,等,译.北京：中国轻工业出
版社,2005.